L'EMBALLAGE,CE BEL INCONNU

« Tout ce qui est simple est faux, tout ce qui ne l'est pas est inutilisable » - Paul Valery

En couverture : amphore en terre cuite fabriquée au 2ème siècle après JC dans l'ile d'Ischia (Italie) servant à emballer de l'huile d'olive et du vin.

Edition : BoD - Books on Demand
12/14 rond-point des Champs Elysées, 75008 Paris
Impression : Books on Demand GmbH, Norderstedt, Allemagne
ISBN : 9782322096510
Dépôt légal : Août 2016

QUESTIONS « A LA CARTE »

<u>INTRODUCTION</u>

Pourquoi diable écrire sur l'emballage ?

Comparé à beaucoup d'autres sujets qui font régulièrement l'actualité, l'emballage est au fond une préoccupation qui n'intéresse pas ou peu nos concitoyens. Ou qui les concerne « à la marge », de temps en temps. A l'instar des trains, quand un emballage a un problème.

L'emballage, les emballages devrais-je dire en fait tant ils sont divers et variés, l'emballage souffre d'un manque de connaissance et de compréhension d'à peu près tout le monde : le grand public, c'est-à-dire les citoyens-consommateurs, une grande partie du business, le monde de l'éducation, les pouvoirs publics (qui parfois pourtant le réglementent), les médias aussi.

Une jeune ingénieure me raconta un jour un an après son embauche dans mon équipe de conception et d'innovation d'emballages « *j'utilisais depuis des années un rouge à lèvres, je n'avais jamais imaginé la technicité et la somme d'innovations présentes dans la conception de l'emballage de ce produit, c'est juste incroyable* ».

Dernièrement fin 2015, un des grands patrons d'un groupe du CAC 40 vint soutenir ses « troupes » lors d'une réunion de travail entre parties prenantes de l'emballage internes et externes à son entreprise.

Sa conclusion fut sans appel « *Je suis venu avec vous aujourd'hui parce que je m'étais dit – l'emballage, c'est simple, je vais les aider, et peut-être même les impressionner ! - Après cette réunion, je dois avouer que l'emballage est un domaine infiniment plus complexe que je n'avais pensé, pas simple du tout. Merci de m'avoir ouvert les yeux* ».

Nous vivons chaque jour avec de multiples produits qui ont des emballages, mais ces derniers font tellement partie de notre vie que nous ne les voyons plus vraiment.

Un peu comme une partie de notre corps que nous ignorons complètement tant qu'elle fonctionne correctement. Vous savez que vous avez un foie uniquement lorsque vous y avez mal ! Pas avant !

Quand nous rencontrons et que nous nous servons des emballages, nous n'imaginons pas la somme de fonctionnalités qu'ils assument.

Les créateurs d'emballages, les fabricants, les distributeurs, tous les membres « amont » de la chaine de valeur de l'emballage ont probablement pensé au fil du temps que c'est tellement évident que l'emballage est nécessaire et utile qu'il n'y a même pas besoin d'en parler.

C'est une grossière erreur.

Le « microcosme de l'emballage » dont je fais partie est parfois trop loin des préoccupations et des connaissances du consommateur de base. L'emballage a accompagné depuis 50 ans l'évolution de nos modes de vie et de notre consommation mais il souffre d'un manque récurrent d'informations pertinentes et complètes.

Les seuls dans le grand public qui parlent constamment de l'emballage sont ceux qui le critiquent.

Je dois avouer que j'éprouve une certaine lassitude et même de l'exaspération à force de lire et d'entendre que l'emballage est inutile, mauvais pour la planète et bien d'autres qualificatifs négatifs.

Je respecte totalement que certains puissent remettre en cause la société de consommation dans laquelle nous vivons. Qu'ils remettent en cause les institutions, la démocratie,... Et pourtant, le modèle actuel des pays développés fait tellement rêver l'immense majorité des habitants des pays pauvres que nous vivons des mouvements de migration sans précédents....

J'ai en tête l'image (toujours la même) de l'arrivée des premiers sauveteurs lors des catastrophes naturelles régulières qui sont relayées par les télévisions en continu, tremblements de terre, tsunamis, inondations,.... Les premiers secours apportent systématiquement des palettes d'eau en bouteilles, de l'eau en bouteille qui sera distribuable à chaque rescapé, immédiatement consommable sans risque pour la santé, sans perte, utile.

Il y a donc un immense travail de PEDAGOGIE à réaliser sur l'emballage et ce défi est l'objet de ce livre.

Lorsque l'on demande au citoyen de gérer des emballages vides usagés, ce dernier ne sait pas probablement pas ce que l'emballage a fait avant, il n'en comprend pas la provenance, ni le pourquoi.

Mon ambition est donc de réaliser une photo « panoramique » à 360° de ce vaste domaine qui va du pot de yaourt jusqu'à la palette en passant par les bouteilles de vin et les fûts métalliques.

Sans éluder aucun sujet, même ceux « qui fâchent ».

Ce n'est pas une approche technique détaillée du monde vaste et complexe de l'emballage. Un concepteur d'emballages n'y trouvera pas de réponse précise à un problème donné. Pas de courbes, de graphiques, de logigrammes. Ce n'est pas l'objectif.

Simplement des explications j'espère claires sur le pourquoi et le comment.

Des réponses aussi simples et compréhensibles que possible aux multiples questions que peut et doit se poser chaque citoyen-consommateur.

L'emballage est un monde varié, atomisé dans de multiples métiers organisés autour de produits de tous types. L'emballage est au service des produits qu'il conserve, transporte et pour lesquels il assure une grande partie de l'information ….

L'emballage est en fait la plupart du temps dissimulé derrière les produits qu'il sert. Indissociable d'eux.

La seule fois où l'emballage devient vraiment uni et visible est lorsqu'il se retrouve dans nos déchets ménagers ce qui, on en conviendra facilement, n'est pas son meilleur profil !

Enfin, j'espère pouvoir démontrer simplement que l'emballage des produits n'est pas un problème mais une solution !

Une solution pour l'hygiène, la santé, la sécurité des consommateurs. Une solution contre le gaspillage….

Une solution pour nous aider à mieux vivre au quotidien.

Tombé depuis 1976 (40 ans tout juste !!) dans la « marmite » de l'emballage, j'en suis devenu petit à petit un « expert ». J'y ai consacré une grande partie de ma vie professionnelle chez L'OREAL et depuis 6 ans je préside le CNE, Conseil National de l'Emballage.

Un très bon ami l'an passé a souhaité me motiver pour écrire ce livre en me disant : « *Allez, lance-toi, tu es un véritable grand témoin de ce métier !* »

A la réflexion, je ne sais pas si le terme « grand témoin » est aussi gratifiant que cela car il souligne en premier lieu les longues années passées sur ce sujet et en conséquence ….l'âge qui va avec !!

J'espère toutefois que ma vision complète et non partisane de l'emballage permettra à chaque lecteur d'y voir un peu plus clair et de regarder d'un œil nouveau ce compagnon méconnu de notre vie de tous les jours.

Ce bel inconnu.

UNE JOURNEE PARMI D'AUTRES

Fin du travail pour ce livre sur l'Emballage.

Je décide de consacrer une journée entière pour relire une énième fois l'ensemble des chapitres et modifier sur la forme ce qui doit l'être. Une journée de calme où pour une fois je suis seul dans la maison.

La sonnerie du réveil me rappelle à l'ordre.

Lever et lavage des mains (1)

Encore un peu engourdi et rêveur, je prépare mon petit déjeuner.

Des céréales (2), un yaourt (3), du pain grillé (4) et 2 compotes de fruits (5 et 6).

Je glisse une capsule dans la machine (7). Le café vient à mon secours pour me réveiller complètement.

Direction la salle de bains pour les ablutions matinales après un passage par les toilettes (8)

Le shampoing pour les cheveux (9), le savon (10) et un peu de déodorant (11) avant de m'habiller

Me voici fin prêt devant l'ordinateur. Un coup d'œil par la fenêtre. Le soleil est vraiment très discret en ce début de journée d'avril. Pas de regrets donc.

J'avale les chapitres en prenant régulièrement un peu d'eau minérale gazeuse (12). En plein milieu de la partie sur les

« consommateurs », la sonnette m'oblige à un premier break dans mon marathon. Le facteur livre une commande internet (13), un livre pour un de mes petits fils.

Retour au travail. Où en étais-je ? Le charme est un peu brisé. Je décide de profiter de cette coupure pour me dégourdir les jambes et aller chercher de quoi manger.

Je ramène des œufs (14), du jambon (15) pour ce soir et du pain frais. Je n'ai pas le cœur à cuisiner pour moi seul et aujourd'hui, ce sera un de la « survie »

Retour devant l'ordinateur après cette trop courte pause. Fin des longs chapitres sur le « respect de l'environnement ».

Allez, arrêt déjeuner.

Au menu, des pâtes (16) avec un filet d'huile d'olive (17) et un peu de parmesan râpé (18). Sans oublier la pincée de gros sel (19) dans l'eau de cuisson sinon les pâtes seront désespérément fades. Deux œufs au plat avec sel (20) et poivre (21). Et un verre de vin rouge (22) pour faire passer le tout. Un seul car je ne veux pas m'endormir devant la suite des chapitres…

Trois carrés de chocolat (23) en guise de dessert et un déca bien serré cette fois (24)

Retour dans le bureau pour une grande ligne droite agrémentée de quelques verres d'eau pétillante et d'un chewing-gum (25) pour me donner de temps à autre une bouffée d'air mentholé…

Le soir commence à tomber au moment d'aborder les derniers chapitres. Détour par la cuisine pour prendre un comprimé contre le mal de tête (26).

Alerte !!!!! Et si ce mal de tête venait de la lecture du livre ???

Non, je plaisante. C'est bien sûr le confinement dans la maison toute la journée et l'attention continue sur l'écran qui sont les fautifs….

Je décide néanmoins d'arrêter là. Je relirai les quatre derniers chapitres demain matin mais là, je n'en peux plus !

Je m'écroule devant la télé avec un frugal plateau repas : pain, jambon blanc, beurre (27), cornichons au vinaigre (28) et un nouveau verre de vin.

Après un documentaire sur la grande guerre, je décide d'aller me coucher. Lancement du lave-vaisselle après avoir mis le produit ad 'hoc (29)

« Pipi, les mains, les dents (30) » comme je disais à mes enfants ! Un nettoyage rapide du visage avec un peu de lait (31) sur un coton (32),

Un grand verre d'eau plate (33) et un mouchoir en papier sous le traversin (34)

Extinction des lumières.

C'est en essayant de trouver le sommeil que je me suis mis à compter combien d'emballages j'avais pu utiliser dans ma journée ?

Une journée assez représentative de mes habitudes de consommation.

Bien sûr je ne compte qu'une fois les bouteilles d'eau, le vin, le pain et tous les produits plusieurs fois utilisés. Les produits que l'on appelle dans le métier les produits multidoses par opposition à ceux qui ne servent qu'une seule fois.

Je ne peux m'empêcher de sourire en pensant à mon épouse qui touche bien plus de produits que moi dans la cuisine et qui se maquille chaque matin…. Avec un compteur bloqué à 34, je me fais l'effet d'un petit joueur.

Je m'endors en me promettant de rajouter le lendemain ce premier chapitre en guise d'illustration pratique…

Au total, j'ai touché dans la journée 34 emballages différents :

- 7 emballages jetables après une seule utilisation
- 27 emballages multidoses

Une journée parmi d'autres.

Il se consomme chaque année en France près de 100 milliards d'UVC (unités de vente consommateur) de produits de grande consommation c'est-à-dire en moyenne 1500 par an et par habitant ou encore environ 5 par jour, chiffre assez stable en très légère augmentation.

Comme toute moyenne, cela intègre des populations assez différentes, urbaines et rurales, jeunes et âgées.

Dans mon cas, le calcul détaillé des 27 produits multidoses (eau, vin, sel, poivre, savon, dentifrice,….) montre qu'en moyenne je jette 3 de ces produits par jour ce qui fait un total de 10 (7monodoses + 3multidoses) jetés par jour supérieur à la moyenne mais assez représentatif d'un adulte urbain.

DES EMBALLAGES POUR QUOI FAIRE ?

La première question, question essentielle d'ailleurs, est de se demander pourquoi l'homme utilise des emballages ?

Coluche disait avec humour : « Dites-nous ce dont vous avez besoin et on vous apprendra à vous en passer !!!»

Est-ce que c'est aussi simple que cela pour les emballages ?

A-t-on besoin des emballages ? A QUOI CA SERT ?

Je vais prendre pour répondre à cette question l'exemple de la nourriture (et des boissons) qui représentent dans les pays développés environ 70% du tonnage des emballages dits « ménagers », ceux jetés après usage par chaque citoyen.

L'homme tout au long de l'évolution qu'il a connue au cours des siècles a eu à faire face à deux enjeux fondamentaux pour sa nourriture et donc sa survie: **la production et la conservation de ses aliments.**

Prenons tout d'abord la conservation. Du chasseur-cueilleur du début qui consommait immédiatement ce qu'il produisait, l'homme est devenu petit à petit « cultivateur » et éleveur.

Ses productions se faisaient alors au gré des récoltes et des abattages quand dans le même temps il visait une consommation la plus régulière possible.

Dit autrement, l'homme a eu besoin de réconcilier une consommation étalée au fil des jours et une production par nature plutôt discontinue.

Dès ce moment et sauf à perdre de la nourriture, il a été amené à stocker ce qu'il ne mangeait pas immédiatement et qui serait irrémédiablement perdu s'il ne faisait rien.

Les emballages étaient nés.

Du besoin de conserver et de protéger la nourriture des intempéries et des prédateurs de tous genres.

Nous récoltons en été quelques dizaines de kilos de framboises et en faisons de la confiture ou de la gelée. Les bocaux et leurs fermetures viennent tout naturellement assurer le « job » et nous permettre une consommation quand nous le désirons, étalée sur l'année.

Des études répétées de la FAO (organisation mondiale des Nations Unies pour la nourriture et l'agriculture) soulignent d'ailleurs combien les pays en voie de développement perdent de la nourriture potentielle pour leurs habitants faute d'avoir pu la mettre correctement à l'abri.

Des chiffres récents parlent de 30% de l'agriculture mondiale qui serait perdue faute d'avoir été conservée.

Nous y reviendrons plus loin mais il apparait déjà évident que l'emballage pour ces pays pourrait jouer le même rôle que dans les pays développés, un rôle important dans le traitement de ces pertes abyssales.

Le deuxième enjeu est lié à la production elle-même.

Les hommes se sont petit à petit spécialisés dans leur travail et dans leur production. Au Moyen Age, plus de 95% de la population travaillait pour se nourrir (mal) et pour nourrir (mieux) les quelques % restant. Il est probable que pour les 95% qui produisaient, ce qu'ils consommaient eux-mêmes avait besoin de peu d'emballages au-delà de la conservation.

Pour les 5% restant qui vivaient en ville ou dans les châteaux, les produits étaient déjà emballés afin d'être transportés.

En 1900, 50% de la population active était encore « agricole ».

En 2015, moins de 5% des actifs dans les pays développés de l'Europe de l'Ouest suffisent pour produire les éléments de base de la nourriture à destination de la totalité de la population Sans compter qu'une partie de cette production part à l'exportation !

Le progrès technologique et l'industrialisation sont passés par là…

Ce qui veut dire que la production des ingrédients de base de la nourriture (faite par moins de 5% de la population) est structurellement déconnectée dans le temps et dans l'espace de la consommation finale (faite par 100%).

Au-delà donc de l'enjeu « conservation », **cette discontinuité entre la production et la consommation impose que les denrées soient emballées d'une façon ou d'une autre.**

Sauf à vouloir revenir en arrière, ce que personne n'imagine ni ne souhaite, cette double nécessité perdure aujourd'hui.

Ce que nous venons de voir pour la nourriture est valable pour tous les biens autres que l'homme consomme, les habits, les médicaments, les produits d'hygiène, le bricolage,…

Combien y a-t-il d'usines en France qui produisent encore des vis et des boulons ??? Allez, pour rester optimiste, je dirais quelques-unes. Pour alimenter la consommation de plusieurs millions d'artisans et ouvriers utilisateurs sans compter les très nombreux bricoleurs du dimanche qui s'approvisionnent auprès des distributeurs spécialisés.

Entre les deux, production et consommation, il faut stocker et mettre à disposition pour la vente. Il y a besoin d'emballages.

Dès que la production d'un bien physique (quel qu'il soit) est déconnectée du moment et/ou du lieu de sa consommation, un emballage est indispensable.

Dans notre monde moderne d'ultra spécialisation et d'industrialisation, l'immense majorité des produits répond donc à l'obligation d'être emballée.

Ce n'est pas la tendance mondiale à voir de plus en plus vivre les humains dans des mégalopoles qui inversera les choses.

Même des exemples de consommations dites « alternatives » comme les produits de la ferme ou le « vrac » obéissent à cette logique.

J'ai le souvenir d'avoir été « chercher le lait » quand j'étais enfant à une ferme située dans mon village. J'utilisais un pot en aluminium muni d'une fermeture dans le même métal. Un emballage réutilisable que ma maman lavait après chaque usage. Aller chercher des produits sur leur lieu de production, c'est venir avec des emballages vides qui permettront de ramener chez soi les produits.

La vente en « vrac », à la coupe ou au poids est une façon de distribuer la nourriture aussi vieille que le monde et elle a perduré jusqu'à aujourd'hui dans nos marchés « traditionnels ». Les primeurs et autres fromagers présents chaque semaine dans les villages ou les quartiers de grandes villes sont là pour en témoigner.

Ce circuit de distribution a très fortement diminué en France durant les 50 dernières années avec l'essor du commerce dit « moderne » pour lequel les produits sont très souvent préemballés.

Certaines enseignes qui vendent des denrées « en vrac » mettent aujourd'hui en avant l'absence d'emballages de ce type de distribution. Cela est faux, c'est du « greenwashing » à bon compte car les produits vendus ont des emballages, en amont avant l'arrivée dans le magasin et en aval pour aller chez le consommateur, sans oublier les « stockeurs » intermédiaires dans le magasin. Ces emballages sont bien sûr différents de ceux des produits préemballés mais ils existent.

A noter au passage que je ne donne à ce moment aucun qualificatif supplémentaire à l'emballage.

L'emballage pourra être réutilisable plusieurs fois ou non réutilisable (à usage unique).

Nous verrons par la suite que comme toute activité humaine, l'emballage obéit à des règles « économiques » qui viendront expliquer le choix de telle ou telle solution.

Mais quel qu'il soit, réutilisable ou à usage unique, l'emballage est strictement nécessaire et dire le contraire serait nier l'évidence.

Les emballages ménagers que chaque citoyen consommateur voit chaque jour et dont nous parlons depuis le début représentent environ 40% en poids de tous les emballages.

Les autres emballages, industriels et commerciaux (appelés encore B2B) qui représentent 60% du tonnage total obéissent à la même logique.

Les matières premières et les produits intermédiaires sont fabriqués en peu d'endroits et utilisés par beaucoup sur le territoire.

Il y a la même discontinuité entre la production et la consommation, consommation par les industriels et le commerce cette fois. Et donc la même nécessité d'emballer.

Pour prendre un exemple concret, les usines qui fabriquent les produits de grande consommation, alimentaires ou autres, reçoivent tout ou partie des emballages qu'ils vont utiliser pour conditionner leurs produits.

Ces emballages vides avant conditionnement sont eux-mêmes emballés !

Des flacons en verre sur palettes avec housse plastique et intercalaires en carton, des capsules plastiques dans des sacs en plastique souples eux-mêmes dans des cartons, des rouleaux d'étiquettes imprimées et des étuis pliants imprimés dans des caisses américaines en carton ondulé,....

La réponse à la question initiale est donc claire : **oui nous avons besoin d'emballages.**

Désolé sur ce coup-là Coluche !!!

QUELQUES CHIFFRES SUR LES EMBALLAGES

Avant d'aller plus loin dans l'analyse qualitative détaillée du monde de l'emballage, il est utile je crois de donner quelques chiffres afin de « dimensionner » le sujet. Je ne donnerai pas de chiffres comptables mais des ordres de grandeur. Selon l'adage mis en exergue de ce livre, pour que cela reste simple !

Les emballages consommés en France représentent sur 1 an 12 millions de tonnes – 4,5 millions pour les emballages ménagers et 7,5 millions pour les autres (industriels et commerciaux).

La question immédiate qui vient à l'esprit : est-ce beaucoup ? Est-ce peu ?

Les chiffres officiels des déchets en France (source ADEME, agence nationale pour la maitrise des déchets et de l'énergie) peuvent se résumer ainsi :

- **355 Millions de tonnes de déchets par an au total** (sans parler des déchets de l'agriculture et de la sylviculture)
- dont 260 Mt pour les seuls « bâtiment et travaux publics »
- dont 11 Mt pour les déchets dangereux.
- **dont 30 millions de tonnes pour les déchets ménagers** (inclus les déchèteries) déchets ménagers qui représentent donc 8% du total

- **dont 4,5 millions pour les emballages ménagers qui représentent donc 15% des déchets ménagers et un peu plus de 1% du total général des déchets**

Rapporté au grand total et en comparaison avec les déchets dangereux par exemple, on pourrait aisément (et trop rapidement peut-être) conclure que les emballages représentent peu.

En tonnage en tous cas, c'est vrai.

D'autant qu'en plus, par définition, les emballages sont des déchets inertes, non dangereux, on le verra par la suite dans les fonctionnalités.

Pourquoi alors les pouvoirs publics et les médias fustigent-ils régulièrement le trop d'emballages ?

Revenons pour comprendre aux déchets générés.

Le citoyen de base ne voit jamais d'autres déchets que ceux qu'il génère tous les jours. C'est-à-dire les déchets ménagers.

Aucun d'entre nous n'imagine ni ne visualise que la France génère 355 millions de tonnes de déchets par an et même un peu plus avec l'agriculture et la sylviculture.

Quand on parle « déchets » à l'immense majorité des citoyens, ils comprennent « **mes déchets** », ceux qu'ils voient et manipulent tous les jours.

Les déchets visibles sont donc pour le citoyen les déchets ménagers, environ 30 Mt. Ces déchets sont matérialisés par les 2 poubelles du ménage et les déchetteries.

Le tri des emballages recyclables est maintenant bien ancré dans les habitudes du citoyen et celui-ci alimente deux poubelles :

- Une poubelle dite « jaune » pour le recyclage (on peut les trouver çà et là de couleur différente, on est en France tout de même !)
- Une grise pour le reste

Au niveau poids, il n'y a pas photo. La poubelle jaune est toujours légère, même pleine. D'autant que les verres étant traités majoritairement en apport volontaire dans les bennes vertes que chacun connait, le poids collecté dans les poubelles jaunes est plus proche de 5% des ordures que des 15% évoqués plus haut.

Mais au niveau visuel, au niveau volume en fait, c'est une autre histoire !

Tout se passe comme si 50% des déchets ménagers - 1 poubelle sur 2 - étaient dus aux emballages.

D'où le paradoxe vécu par les citoyens, les emballages ménagers vides représentent 1,3% en poids des déchets officiels mais 50% des déchets visibles par lui.

Un peu rapidement sans doute, le citoyen peut penser et croire que la moitié des déchets à traiter dans notre pays sont des emballages vides.

Comme par définition les hommes politiques et les pouvoirs publics sont particulièrement attentifs aux préoccupations des citoyens, les emballages vides se retrouvent souvent en première ligne lorsque l'on parle de déchets.

De plus, ces emballages sont majoritairement très légers. Ils accompagnent le consommateur hors de chez lui et sont parfois jetés et ballotés au gré des vents donc très visibles, on le verra plus loin dans les chapitres nomadisme et déchets sauvages.

Sans parler de la pollution marine qui pointe du doigt les plastiques venus de la terre qui flottent en grande quantité, plastiques utilisés notamment par les emballages mais pas que….

Les médias et les ONG (Organisation Non Gouvernementale) sont très sensibles à ce qui intéresse les citoyens et les politiques….

D'où le « trop d'emballage » relayé inlassablement depuis maintenant plus de vingt ans.

Voyons maintenant le poids économique des emballages.

Il est difficile d'avoir des chiffres très précis car il n'y a pas d'organisation professionnelle couvrant l'ensemble de l'activité « emballage » sur toute sa chaine de valeur.

De plus, une part importante de la production d'emballages est intégrée depuis des années chez les possesseurs de Marques et chez les conditionneurs à façon, part qui a tendance à croitre.

Les bouteilles d'eau minérale sont ainsi soufflées chez les embouteilleurs, pareil pour les boissons carbonatées (certains injectant même maintenant leurs préformes !!!), les pots de yaourt sont thermoformés en ligne avant remplissage, les blisters sont thermoformés en ligne, ….

Les producteurs de produits sont de fait des « emballagistes » non négligeables mais jamais répertoriés comme tels.

J'estime cette activité « intégrée » à environ 20% du total des emballages.

La revue « Emballages-magazine » publie chaque année en France le TOP 500 des entreprises de l'emballage. Avec un total de 26 milliards d'euros en 2013.

Lorsque l'on ajoute le reste des entreprises au-delà des 500 premières, les machines de conditionnement et la part « emballage » des conditionneurs qui fabriquent tout ou partie de leurs emballages in situ, on parle ainsi d'environ

35 milliards d'euros pour la France.

Les estimations du poids économique du domaine des emballages varient de 1,3% à 1,5% du PIB des pays développés selon les sources, ce qui est ainsi vérifié en France.

Au niveau mondial, le grand total est estimé entre 8 à 900 milliards de dollars. Chiffre qui grandit au fur et à mesure du développement des pays pauvres. Si l'emballage était un pays, il serait le 17ème pays mondial par son PIB.

L'industrie aéronautique et spatiale civile française est un fleuron reconnu de notre savoir-faire national. Elle fait la fierté de beaucoup de Français. Cette industrie représente un chiffre d'affaire de 35 milliards d'euros (statistiques officielles du Gifas)

Je me prends à rêver parfois que nos édiles et médias parlent de l'industrie de l'emballage dans les mêmes termes positifs….

Dernier angle pour mesurer les emballages : les brevets d'invention.

Une étude du CNE (Conseil National de l'Emballage) réalisée en 2013 montrait que le nombre de demandes de brevets déposés en France en 2012 concernant les emballages était de 2,7% du total des brevets soit deux fois plus en proportion que leur poids économique (1,3%).

Les emballages sont donc l'objet de beaucoup d'innovations, tant sur le plan technique qu'au niveau esthétique.

Chacun sait qu'une industrie qui innove est une industrie en bonne santé !

La France est toujours dans ce domaine bien particulier de l'emballage dans le peloton de tête des nations « innovantes » mondiales avec les Etats Unis, l'Allemagne et le Japon.

Il n'y a pas tant de domaines où notre pays est dans le **TOP 4 mondial.** Il faut plutôt s'en réjouir et en être fiers.

Terre de développement historique des emballages de luxe, la France reste même en 2015 toujours leader mondial sur ce segment particulier.

Il faut avouer que les grands groupes mondiaux opérant dans les produits de luxe, alimentaires ou non, sont majoritairement d'inspiration française (LVMH, Kering, L'Oréal, Chanel,…).

Il n'y a donc pas de hasard.

Un autre point mérite d'être souligné concernant les brevets : dans le domaine de l'emballage des produits cosmétiques, une statistique sur 10 ans que j'avais réalisée montre que **les sociétés déposantes sont à 60% les utilisateurs d'emballages,** ceux qui fabriquent les produits, ceux qui possèdent les marques. Les fabricants d'emballages (33%) et les inventeurs isolés (7%) se partageant les 40% restant.

Cette donnée montre que l'innovation dans l'emballage est intégrée à l'innovation produit en général, chez ceux qui conçoivent les produits. Ce qui est assez logique puisque les spécifications des emballages sont en majorité créées par les utilisateurs qui connaissent parfaitement les interactions entre le contenant et le continu ainsi que les besoins exprimés par leurs consommateurs.

Cela n'empêche pas les fabricants d'emballages de faire aussi preuve de créativité pour un tiers des cas, créativité qui est souvent liée aux outils de transformation qu'ils utilisent et qui permet de repousser toujours plus loin les limites du possible.

L'industrie des emballages est donc importante, innovante et plutôt modeste au niveau des déchets. Nous verrons par la suite que l'on peut lui trouver beaucoup d'autres qualificatifs positifs.

LES FONCTIONNALITES DES EMBALLAGES

Nous pouvons distinguer 6 fonctions essentielles des emballages :

- <u>La conservation</u> des produits = Consommer en toute sécurité quand on le souhaite
- <u>La logistique</u> = transport/ stockage/ distribution/traçabilité des produits
- <u>L'utilisation</u> des produits par le consommateur
- <u>L'information</u> des acheteurs/consommateurs/citoyens
- <u>L'expression de la Marque</u> = la communication
- <u>La performance économique</u>

Les 4 premières fonctions sont les fonctions « régaliennes » attribuées sans ambiguïté aux emballages. Conserver, protéger et transporter, informer, permettre l'utilisation du produit.

La 5ème est une fonction parfois contestée par certaines ONG : Pourquoi donc mettre de l'esthétique et des décors par définition coûteux ? Pourquoi vouloir à tout prix « faire vendre » le produit par l'emballage ?

La 6ème est une fonction « cachée » mais absolument essentielle car sans performance économique, il n'y a pas d'emballage et surtout, il n'y a pas de produit !!! J'y reviendrai longuement plus loin.

La fonction « conservation » concerne principalement les emballages dits « primaires » c'est-à-dire ceux en contact direct avec le produit contenu. Les flacons et bouchons. Les pots et barquettes. Les poches souples…

Nous avons vu que ce besoin de conservation était un des tout premiers exprimés lors de l'évolution de notre façon de vivre.

L'emballage doit permettre la consommation sécurisée du produit pendant toute la durée de vie contractuelle du produit.

Ainsi, pour un produit alimentaire, le produit devra conserver l'ensemble de ses qualités nutritionnelles sans oublier ses qualités organoleptiques (toucher, goût, odeur, aspect) jusqu'à la date limite de consommation (durée de vie contractuelle du produit).

Comment ça marche ?

Deux matières restent en contact sur une plus ou moins longue période de temps et chacun peut intuitivement comprendre que l'une peut altérer l'autre et inversement. Cela est d'autant plus vrai lorsque la température s'élève…

Le premier principe de la conservation pour un emballage est donc d'être neutre vis-à-vis du produit qu'il contient. Une exception pouvant être faite pour des emballages « actifs », on le verra en parlant plus loin d'emballages « intelligents ».

En fonction du produit à conserver, le concepteur du produit a alors le choix entre les 4 grandes familles de matériaux (verre, métal, plastique, papier-carton) qui ont chacun leurs qualités et leurs limites.

L'emballage doit également s'assurer que le contenant garde l'entièreté du produit contenu et ne laisse rien passer de l'extérieur vers l'intérieur.

Le second principe pour un emballage est donc d'avoir des qualités « barrière ».

Barrière à l'humidité de façon systématique, l'eau étant une matière présente souvent à l'intérieur et toujours à l'extérieur (humidité). Mais de la même façon, barrière aux gaz (contenus et extérieurs) et notamment à l'oxygène de l'air, barrière aux solvants, barrière aux UV de la lumière...

Tout concepteur d'emballage digne de ce nom étudie en détail la cohabitation de son futur produit contenu avec différents emballages de façon à trouver celui ou ceux qui sont neutres et « barrières ».

On appelle cela dans les grandes sociétés productrices de biens de consommation la **compatibilité contenant-contenu.**

A noter que ces qualités de neutralité et d'effet barrière doivent se comprendre pour la durée de vie contractuelle du produit.

Pour prendre un exemple : vous laissez une bouteille de boisson carbonatée emballée dans du PET bien fermée dans votre maison de vacances et vous constatez l'année suivante que les bulles sont parties ! Le gaz carbonique passe au travers du PET de façon très très lente ; cela garantit la présence de bulles jusqu'à la date inscrite sur le flacon mais pas ad vitam aeternam !

Cette compatibilité est un des maillons obligatoires du processus de développement de tout produit. Elle sera très souvent étudiée de façon « prédictive » avec des processus accélérés et elle sera aussi complétée (pour les meilleurs...)

par une compatibilité à l'ambiante sur produits réels de façon à valider la démarche prédictive.

Pour donner un seul exemple de démarche prédictive : on veut s'assurer que les UV ne vont pas altérer les couleurs de l'emballage voire le produit lui-même si l'emballage est transparent. Il existe une machine appelée « suntest » qui permet de tester des produits, 48h dans la machine équivalant par exemple à 3 années d'exposition au soleil.

Cette « compatibilité » n'est pas une discipline académique et le savoir-faire est souvent « interne » et propriétaire pour telle ou telle entreprise mais des ouvrages peuvent être trouvés pour en décrire les principes généraux. Il faut bien sûr ensuite adapter la théorie à chaque configuration pratique contenant-contenu.

Pour finir ce chapitre, je souhaite rappeler que la neutralité intrinsèque demandée à chaque emballage fait qu'en conséquence, les déchets constitués d'emballages ménagers vides sont, par définition, des déchets non dangereux pour la santé humaine.

Par exemple, il est demandé (par la loi) depuis plusieurs décades aux emballages de ne pas contenir plus de 100 ppm (partie par million) de métaux lourds (plomb, mercure, cadmium, chrome hexavalent). C'est-à-dire moins de 0,01 % de leur poids.

Comparé sur ce seul critère à d'autres déchets malheureusement présents parfois dans nos poubelles, notamment le petit électronique (téléphone) ou les batteries et piles, l'emballage apparait alors très vertueux….

La neutralité vis-à-vis des contenus s'accompagne tout naturellement de neutralité pour l'environnement et pour la santé humaine.

Nous verrons plus loin dans un chapitre dédié « emballage et santé » que cette neutralité des emballages est parfois « questionnée » par certains lanceurs d'alerte, la crise du BPA (Bisphénol A) en étant une illustration récente.

La fonctionnalité logistique d'un emballage de produit concerne en très grande majorité la partie emballage dit tertiaire c'est-à-dire la partie que le consommateur du produit ne voit jamais.

Mais pas uniquement, car, l'emballage primaire (et secondaire) doit avoir des qualités « logistiques » intrinsèques sans oublier la nécessité d'obtenir une palettisation optimisée.

Différents principes vont guider la conception « logistique » d'un emballage.

En premier vient évidemment la **protection du produit,** protection contre les agressions éventuelles du milieu extérieur, protection contre les chocs lors des transports et mouvements de stock, protection contre les charges qui peuvent être appliquées sur les produits, protection dans toutes les conditions de chaleur et d'humidité, ….

La nature et le dimensionnement des emballages de transport doivent assurer que dans des conditions « prévisibles », le produit parvient au consommateur dans le niveau de qualité souhaité.

Qu'est-ce que des conditions prévisibles ?

Ce sont les conditions normales d'opération d'une chaine d'approvisionnement agrémentée d'incidents rares non volontaires, mais qui peuvent survenir.

Par exemple, il n'est pas prévu dans un fonctionnement normal que des cartons de transport dites « caisses américaines » tombent des palettes lors des mouvements de stock mais on sait que cela peut arriver.

Des tests de chute sont conduits de façon à simuler ce type d'évènements et si l'emballage tertiaire peut souffrir d'une telle chute et arriver en relatif mauvais état, il ne faut pas que le produit contenu en pâtisse.

Un deuxième principe sera la **protection intrinsèque du produit**.

Lorsque le produit se retrouve seul sans emballage tertiaire, il faudra qu'il garde un bon niveau de qualité fonctionnelle et esthétique pendant toute sa durée de vie dans des conditions d'utilisation là aussi « prévisibles ».

Des tests de chute simulant le stockage dans le linéaire d'un magasin et dans le stockage du lieu d'utilisation sont conduits.

Par exemple, la stabilité d'un produit en linéaire est systématiquement testée, avec des normes propres au produit considéré.

Troisième grand principe d'une fonctionnalité logistique, **l'emballage devra transmettre et mettre à disposition l'information du produit** vers chacun des acteurs de la chaine d'approvisionnement (nom, origine, code barre, QR code,…).

Dit autrement, l'emballage assurera la **traçabilité** souhaitée pour le produit considéré.

Cette traçabilité devenant essentielle lorsque des produits se retrouvent vendus dans des circuits où ils n'ont pas lieu d'être. C'est la lutte contre les marchés dit gris ou parallèles.

Autre principe complémentaire pour certains produits objets de contrefaçon, l'emballage comportera souvent le premier (et le plus important) niveau de **lutte anti-contrefaçon**.

Cette partie « authentification » est de nos jours pour beaucoup de produits une obligation et par définition, cette lutte contre la contrefaçon est peu décrite de manière à ne pas donner d'informations aux contrefacteurs.

Je ne m'y attarderai donc pas même si je suis devenu au fil du temps un véritable expert dans ce domaine.

Il y a aujourd'hui dans la chaine logistique plusieurs grands « standards » et notamment les containers (pour les bateaux, trains et camions) et les palettes (pour les camions, les trains, le stockage,…)

Qui dit logistique dit donc « palettes » et un **autre grand principe est de connaitre dès le début « comment et combien de produits seront mis sur une palette ? ».**

Et surtout, comment peut-on optimiser ?

J'ai vécu l'exemple d'un shampoing où il n'a fallu enlever qu'un seul millimètre à la hauteur du flacon (1 par rapport à 190 ce qui est invisible à l'œil) pour pouvoir mettre 5 couches de produits au lieu de 4 sur une palette normalisée.

25% de produits en plus. 25% de mouvements et de transport en moins. L'intégration dès le début de la conception de cette contrainte logistique est absolument primordiale.

Protection de l'intégrité du produit, palettisation, transport, traçabilité et authentification sont les piliers de cette fonctionnalité logistique

L'utilisation des produits par l'utilisateur ou le consommateur est une fonction clé et paradoxalement, elle n'a pas toujours été au centre des préoccupations des concepteurs d'emballages. Un peu délaissée parfois on le verra particulièrement dans le chapitre « séniors »…

Pour des raisons de coût surtout ou parfois de volonté de mettre rapidement le produit à disposition sur le marché avec des conceptions existantes.

Qui n'a pas pesté contre un emballage souple difficile à ouvrir, contre une capsule trop dure à dévisser, contre un carton qui vous coupe à son ouverture ?

Cette fonctionnalité de l'emballage est pourtant essentielle à de nombreux titres :

- Garantir une utilisation sécurisée même en cas de mauvaise utilisation prévisible
- Garantir la continuité de la qualité du produit pour les multidoses
- Permettre un fonctionnement naturel et rapidement compréhensible pour l'utilisateur
- Etre confortable pour l'utilisateur en évitant le recours à des outils additionnels (ouverture, dosage, fermeture,…)
- Eviter le gaspillage de produit
- Indiquer le reste à utiliser
- Indiquer de façon sonore que le produit vient juste d'être ouvert pour la première fois
- ….

La liste des fonctionnalités à l'utilisation pourrait s'allonger encore mais il y a un dénominateur commun à tout cela: l'emballage (qui nous l'avons vu est au service de ce qu'il contient), **l'emballage doit absolument être également au service de celui qui utilise le produit.**

C'est sur cette notion de service d'ailleurs que les différences se font entre un produit de luxe, un produit dit « premium » et un produit ordinaire. Un produit de luxe soigne particulièrement le confort d'utilisation quand un produit de première nécessité se concentre sur les fonctionnalités minimum.

Il ne suffit pas d'avoir proprement conservé et véhiculé le flacon de ketchup jusque sur la table de la salle à manger. Il faudra encore que la première ouverture soit facile à comprendre, que la capsule ne blesse pas les mains, que le dosage soit facile et propre, que le flacon tête en bas permette une sortie immédiate du produit sans avoir besoin de l'agiter,.... Comparé à ses prédécesseurs successifs, ce produit a petit à petit au fil des ans complètement intégré le service à l'utilisation.

Un autre volet important de ce service rendu aux consommateurs est la taille du produit consommé_ et cela concerne principalement ce que nous buvons et mangeons mais pas uniquement.

Que cela soit pour s'adapter à la « taille du besoin » ou pour le nomadisme, le nombre de produits de petites contenances augmente.

La première raison est la taille des familles qui petit à petit diminue. En une seule décennie (de 1999 à 2009), le nombre de personnes seules en France a bondi de 10% pour représenter maintenant 1 famille sur 3.

De la même façon, nos enfants pour leurs gouters ou nous pour faire du sport emportons des aliments et des boissons conditionnés dans la dose qui convient. Souvent petite et adaptée pour un seul repas.

Il est évident que d'un point de vue environnemental et économique, cela ne va pas dans le bon sens.

La gourde de compote de 90g a proportionnellement au poids de produit contenu plus d'emballage qu'un pot familial de 6 ou 700g mais le service n'a juste rien à voir. La gourde est ludique, propre, facile à vider directement dans la bouche sans cuillère et la dose est parfaitement adaptée au besoin.

Il est infiniment plus facile de boire avec une petite bouteille d'eau de 50cl dans une voiture ou sur un vélo qu'avec une grande de 150cl qui nécessite l'utilisation des deux mains !

Une préhension facile, un encombrement maîtrisé, le produit et son emballage s'adaptent au lieu de consommation pour notre plus grand confort.

Nous pouvons raisonner de la même manière pour les produits industriels et commerciaux.

Il ne suffit pas, par exemple, que les composants électroniques comme des résistances, des transistors, des condensateurs,… arrivent intacts au pied de la machine d'assemblage, il faut aussi que la machine puisse les prendre facilement, rapidement, qu'ils ne soient pas emmêlés les uns avec les autres.

L'emballage des produits industriels s'est également adapté à l'outil qui va les consommer. J'ai vu lors d'une visite d'usine d'autoradios un emballage de condensateurs absolument étonnant qui grâce à un positionnement précis sur une bande adhésive permet l'utilisation d'un robot à très grande cadence….

En charge pendant quelques années des achats de produits industriels, j'ai dû parfois batailler ferme avec l'usine consommatrice de notre propre groupe pour changer de fournisseur.

Après analyse, la raison principale était toujours liée à l'emballage des produits.

Au fil du temps, le fournisseur existant avait adapté son emballage exactement aux besoins de notre outil de production de façon à minimiser les pertes et à augmenter le rendement des machines.

Tout nouveau fournisseur devait passer par sa propre « courbe d'expérience » afin de délivrer une solution strictement identique en matière de qualité et de service, ce qui demande du temps et de multiples essais. D'où la prudence, voire la réticence bien compréhensible de l'usine.

Les gains (ou les coûts selon le point de vue où l'on se place) étaient parfois plus élevés que le coût intrinsèque de l'emballage lui-même !

Que l'on parle de produits « ménagers » ou de produits vers l'industrie et le commerce, la fonction « utilisation » est celle qui fera souvent la différence car un industriel pourra mettre le curseur où il veut en fonction de sa stratégie de marque et de sa politique de prix.

Je lis de temps à autre que l'emballage fait vendre par son design et son esthétique. Je traiterai ce point plus loin lors des réponses à certains fantasmes mais s'il y a un point où le seul emballage fait réellement vendre (surtout ré acheter en fait), ce sont bien ses qualités à l'utilisation.

Pour un produit contenu de qualité plus ou moins égale, la différence se fera sur une ergonomie bien pensée, sur le souci de rendre l'expérience de consommation facile, rapide et confortable.

Un exemple emblématique de produit plébiscité par les consommateurs pour ses qualités à l'utilisation est l'aérosol.

Ce produit est original car il est un des rares à posséder une énergie « embarquée ». Pour donner une image, tout se passe comme si un très fort ressort était bandé au moment de la production du produit. Permettant une restitution facile par simple actionnement sur un bouton poussoir.

L'aérosol est souvent un peu plus cher que son concurrent sans gaz, il peut aussi être dangereux en cas de mauvaise utilisation et sa forme cylindrique relativement banale n'est pas toujours très vendeuse.

Tout cela devrait l'handicaper et pourtant, c'est un produit dont les quantités mondiales consommées ne cessent d'augmenter y compris pendant la dernière crise mondiale.

La raison ?

L'aérosol est facile à comprendre et à actionner, il dose exactement et proprement ce qui est juste nécessaire, il est immédiatement opérationnel.

La très nouvelle utilisation d'un aérosol « fair play limit » lors des matchs de football de la coupe du monde 2014 au Brésil pour marquer les distances de façon éphémère lors des coups de pieds arrêtés est tout un symbole : petit, léger, simple, propre, **efficace**.

La fonction « information » est facile à décrire et elle s'explique naturellement d'elle-même.

Pour les produits ménagers, il s'agit de porter l'ensemble des informations :

- <u>légales</u> requises par les très nombreuses réglementations (date limite d'utilisation, précautions d'emploi,…)
- <u>propres à la marque</u> (mode d'utilisation, revendications,…)

Je ne rentrerai pas dans la liste exhaustive de toutes ces informations.

Je souhaite simplement mettre l'accent sur le fait que ce qui est écrit engage complètement la responsabilité du producteur et la création de cet ensemble d'information est très souvent une fonction à part entière à l'intérieur des entreprises.

Le service juridique (interne ou externe) sera systématiquement dans la boucle de création afin de s'assurer que l'information correspond à ce que l'on doit et veut communiquer au consommateur.

Les revendications sont des informations par définition propres à mettre en avant les qualités qui démarquent le produit de ses concurrents. Elles sont généralement sous la responsabilité des services « marketing ».

La tentation est toujours très grande de pousser les revendications « au maximum » de façon à séduire le consommateur tout en restant aux limites de ce qui est acceptable. Exercice périlleux s'il en est !!! D'où l'encadrement habituel par le service juridique.

Le respect de l'environnement est actuellement une préoccupation importante des citoyens-acheteurs-consommateurs. C'est ce qui explique la floraison depuis quelques années de revendications environnementales sur les produits et parfois sur le seul emballage.

Certaines revendications étaient suffisamment vagues voire fausses (écologique, protège la planète !!!) pour inciter les instances professionnelles du domaine de l'emballage à établir un guide de bonnes pratiques.

Le Conseil National de l'Emballage (CNE) en France a donc mis sur pied un document précis et complet permettant de communiquer correctement sur l'aspect « environnement » de l'emballage des produits.

Un comité permanent « allégations environnementales » est maintenant actif au sein du CNE. Il scrute l'ensemble des informations relatives aux emballages des produits, qu'elles soient écrites sur l'emballage ou qu'elles soient dans une publicité. Tout ce qui apparait comme un manquement aux bonnes pratiques fait l'objet d'un courrier au producteur pour l'inciter à modifier ce qui doit l'être.

Le CNE n'a bien sûr aucun pouvoir réglementaire de sanction mais il agit ainsi comme l'autorité morale de compétence du métier de l'emballage.

Pour les autres types d'emballages, ceux que le consommateur ne voit pas, il y a également des informations, celles qui seront nécessaires au niveau logistique afin de « tracer » et de bien orienter les produits contenus. Je ne m'étendrai pas sur leur description mais il est clair qu'elles jouent un rôle fondamental dans le bon acheminement des produits quels qu'ils soient.

L'expression de la Marque est une fonctionnalité parfois contestée par certaines ONG. Elle serait notamment coûteuse et propre à « faire acheter le produit »… (Voir la rubrique fantasmes)

Cette fonctionnalité est spécifique aux produits de consommation car dans le cas des emballages B2B, l'achat est bien souvent décidé avant l'arrivée du produit, et donc avant le premier contact avec ce dernier.

Avant d'avancer dans cette expression de la Marque, il faut noter que la transformation du commerce et donc de l'acte d'achat a complètement changé la donne.

L'emballage il y a cinquante ans pouvait encore être assez neutre et standard.

Le commerce dit « moderne » a laissé l'acheteur seul devant les produits.

Il n'y a plus de vendeur dédié pour lui « faire l'article » et pour lui donner des informations. Le libre-service a donc imposé aux Marques de faire en sorte que l'emballage pallie l'absence de vendeur (en partie bien sûr).

L'emballage s'est donc retrouvé en première ligne et il lui a fallu s'adapter.

Le premier contact de tout acheteur de produit de consommation se fait avec l'emballage du produit. Contact visuel en premier puis ensuite contact avec la main.

Quel que soit le domaine, il est excessivement rare qu'un premier contact de mauvaise qualité soit suivi d'une cohabitation heureuse.

Ce premier contact doit donc être réussi.

L'emballage doit tout d'abord faire reconnaitre immédiatement la Marque qui vend le produit. Dans un monde hyper compétitif où l'offre est supérieure à la demande, il est important que l'acheteur-consommateur reconnaisse la Marque à qui il fait confiance, ou à celle qu'il a découverte dans un magazine ou à la télévision.

Différentes études montrent que le temps dédié à la décision de prendre un produit dans un linéaire de grande surface est une affaire de quelques secondes. Ce qui veut dire que la reconnaissance doit être rapide.

Le designer du produit et de son emballage doit donc « interpréter » et restituer l'univers de la Marque, ses racines, ses valeurs et bien sûr son expression visuelle. Cela doit rassurer l'acheteur, simplifier et accélérer l'acte d'achat.

Ce premier contact se faisant au milieu de plein d'autres produits, l'emballage devra aussi se démarquer tout en gardant les codes de la Marque. Une équation toujours subtile à résoudre pour les designers et les graphistes.

Après ce premier contact, l'aspect de l'emballage doit être « cohérent » avec ce que l'acheteur-consommateur attend du type de produit qu'il achète, avec les codes et tendances du moment (plutôt rond ou anguleux, transparent ou pas,…) car il va vivre un moment avec le produit.

Au-delà des fonctionnalités « technologiques » décrites par ailleurs, cette fonctionnalité « expression de la Marque » est résolument « esthétique ».

Il faut d'ailleurs employer à ce moment le mot « séduction » sans pour autant que cela soit négatif.

Raymond LOEWY immense désigner et graphiste franco-américain du XXème siècle disait à juste titre : **« La laideur se vend mal »**

Bien plus tôt que lui, à un ami qui lui demandait pourquoi les hommes s'intéressent tant à la beauté, ARISTOTE répondit : <u>« c'est une question d'aveugle… »</u>

Les acheteurs-citoyens-consommateurs dans leur immense majorité ne sont pas aveugles.

Sans aller jusqu'à parler d'œuvre d'art, les emballages doivent être beaux au milieu de leurs pairs. Beaux et séduisants dans la cohérence avec la Marque qu'ils défendent.

De nombreuses études sont disponibles sur les apports des emballages sur la communication des Marques, sur leur expression.

Je souhaite juste rappeler qu'à force d'avoir des emballages qui intègrent leurs valeurs et ressemblent aux Marques, certaines Marques finissent elles-mêmes par s'identifier et à ressembler à leurs emballages !!!

La « boîte bleue » Nivea par exemple est devenue emblématique de sa marque. Et il y en a bien d'autres…

A la réflexion, il ne faut pas s'étonner que l'emballage joue ce rôle important de communication pour la Marque car :

- Une Marque est une donnée conceptuelle plutôt « immatérielle »
- La publicité attachée à une Marque passe rapidement devant les yeux ou dans les oreilles sans être jamais « palpable »

- L'emballage lui est bien réel. Il est l'expression « physique » de la Marque chez le consommateur et il ne doit donc pas le décevoir…

La performance économique est une fonctionnalité très peu mise en avant mais elle est pourtant absolument clé.

Elle s'applique à tous les types d'emballages, qu'ils soient ménagers ou non.

Prenons l'angle des fonctionnalités. Nous en avons vu jusqu'alors en détail les cinq premières.

<u>Trois d'entre elles ne sont pas « négociables » : la conservation, la logistique et l'information</u> et elles doivent être assurées quoi qu'il en coûte de façon à ce que la qualité et la conformité du produit soient au rendez-vous.

Les deux autres, <u>le service au consommateur et l'expression de la Marque pourront être modulées en fonction du positionnement du produit</u> et de son prix de vente.

Pour donner un exemple, la petite valve « coupe flux » maintenant présente sur beaucoup de produits tels que le ketchup existe depuis plus de vingt ans. Mais à l'origine elle était compliquée à produire donc chère. Aucun produit de grande consommation ne pouvait offrir ce service pourtant bien réel au consommateur sous peine d'avoir un prix de revient prohibitif. Et par voie de conséquence un prix de vente plus élevé que ses concurrents directs. L'évolution des technologies de moulage des plastiques et des élastomères a permis d'en diminuer très fortement le coût et ainsi la rendre accessible à beaucoup de produits.

Le premier coût lié à l'emballage est l'emballage lui-même.

Mais il y a également toutes les autres composantes du prix de revient d'un produit :

- Les coûts de conditionnement du produit contenu
- Les coûts liés à la logistique
- Les coûts liés à la fin de vie

Les acheteurs-citoyens-consommateurs ne savent pas que **l'emballage vit une première vie lors du processus d'élaboration du produit qu'il emballe** et je me plais à le rappeler sans cesse lors de mes conférences.

Pour illustrer mon propos, l'emballage va passer au travers de tables d'accumulations, de bols vibrants, de vis d'alimentation, de remplisseuses, de convoyeurs, de tapis, de robots, de machines de tous ordres, ….

Durant cette première vie, il doit résister aux pressions, chocs, frottements, atmosphères poussiéreuses, élévations de températures, refroidissement voire congélation… qui sont le lot de toute industrie.

L'ingénieur qui créé l'emballage doit s'assurer que l'emballage sorte indemne de cette première vie et que dans le même temps il permette une production de masse performante.

Un emballage qui ne fait pas cela est par définition condamné. Ainsi que le produit associé d'ailleurs.

Il m'est arrivé de voir des produits non développés parce que l'industrialisation de leur emballage n'était pas possible dans le budget imparti.

De fait, **le triptyque produit-emballages-machines de remplissage est absolument indissociable et c'est le coût global qui est important.**

L'exemple des « briques » alimentaires rend parfaitement compte de cette interpénétration entre le contenu, l'emballage et la machine spécifique qui réunit les deux.

Ce système d'emballage (FFS = form, fill, seal = mise en forme, remplissage, fermeture) s'est imposé au démarrage grâce à son coût global très performant par rapport aux systèmes d'emballages concurrents de l'époque.

Un autre exemple est le col des bouteilles en PET de nos eaux minérales et boissons carbonatées: le bas du col impose son esthétique médiocre et standard à tous les consommateurs depuis 20 ans parce qu'il permet un soufflage du flacon à très grand cadence, donc à bas coût.

L'optimisation du coût logistique a déjà été décrite lorsqu'il s'agit de remplir au mieux les palettes.

On peut également prendre l'exemple des flacons qui seront très légèrement plus lourds que nécessaire pour être plus résistants à la pression verticale. Ce qui permettra à ces flacons de se palettiser les uns sur les autres et ainsi de remplacer une caisse de regroupement par 6 en carton au profit d'un simple film rétractable.

La logistique amont des emballages vides doit aussi être évoquée. A l'instar des équipementiers automobiles qui essaient d'être au plus proche des usines d'assemblages clientes, les fabricants de flacons vides se rapprochent souvent des usines de remplissage.

Beaucoup sont parfois sur le site même de leur client en organisation « wall to wall ». Zéro transport et un emballage « navette » réutilisable réduit à sa plus simple expression.

Pendant très longtemps, l'emballage a été conçu d'abord pour le consommateur final et ensuite pour l'optimisation d'une production de masse. La logistique entre la production et les linéaires des magasins devait « faire avec ».

Mes premières réunions avec les acteurs avals de la chaine d'approvisionnement (supply chain) tant internes à notre Groupe (centrales d'expéditions) qu'externes (clients de la distribution) ont été des sources de progrès exceptionnelles.

Des problèmes récurrents de qualité, des emballages tertiaires inadaptés ou inutiles pour l'utilisateur, des identifications insuffisantes, une productivité médiocre, autant de difficultés que le concepteur du système global d'emballage ne peut appréhender que s'il écoute son « consommateur » industriel.

Quand l'écoute était pleine et entière pour une bonne productivité de la production, elle était encore balbutiante pour une bonne productivité de l'ensemble de la supply chain.

Je me souviens d'un voyage au Royaume-Uni dans un des gros centres d'expédition du distributeur n°1 du pays « Boots The Chemist ». A la base, c'était plus une visite de courtoisie qui devait clore un programme d'éradication de différents petits soucis de qualité lancé 6 mois auparavant. Le patron du centre profita de notre visite pour poser une question concernant la fermeture de nos cartons d'expédition, *« cartons très difficile à ouvrir avant de les glisser dans les goulottes de distribution pour la préparation du détail »*

En fait, il nous raconta que chacune de nos palettes passait chez un sous-traitant qui découpait le haut des cartons avec un cutter (avec tous les problèmes de qualité sur les produits que l'on peut imaginer) afin qu'ils soient déjà ouverts pour le centre de distribution qui s'occupait de dispatcher les produits dans les nombreuses boutiques de détail.

Après analyse, nous avons pu transformer en quelques mois les cartons des plus grosses références afin d'avoir une coiffe à enlever très facilement. Soit un léger surcoût au niveau de la production très largement compensé par la suppression d'une opération chère et hasardeuse au niveau qualité chez le distributeur.

Une visite qui aura permis de gagner plus d'1,5 million d'euros sur l'année pour notre client et nous.....

Enfin, les coûts de fin de vie ne sont pas indifférents. La cotisation « point vert » versée à Ecoemballages en France dépend notamment de la nature et du poids des matériaux et de la « recyclabilité » des différentes parties de l'emballage.

L'ensemble de ces coûts (emballage seul, emballages amont, production des produits et rendement des machines de remplissage, logistique aval et fin de vie) participent à la performance économique des emballages.

Les pouvoirs publics français (DGCCRF + INSEE) ont publié en 2012 un document qui montre l'évolution des dépenses d'alimentation dans la consommation des ménages entre 1959 et 2009 c'est-à-dire sur la période de 50 ans qui aura vu les progrès de la production de masse et du commerce dit « moderne » en France.

Les dépenses d'alimentation par habitant ont doublé sur cette période en euros constants

Et pourtant, ces dépenses sur la même période sont passées de 12,4% du PIB à 7,5%.

Deux fois plus pour moins cher !

Attention, je ne dis pas que cette production très largement industrialisée est la panacée. Il y a d'ailleurs de nombreuses contestations sur le trop de sel, trop de phosphates, trop de gluten, trop de sucre, trop de tout….qui ne sont pas le sujet de cet ouvrage

Mais il est incontestable que la production agro-alimentaire actuelle aura permis de nourrir l'immense majorité des populations des pays développés à des coûts toujours en diminution et avec une hygiène de plus en plus irréprochable.

Les emballages ont indiscutablement apporté leur pierre à cette performance économique globale.

L'EMBALLAGE et LES CONSOMMATEURS

En général, les nombreuses études consommateurs des produits de consommation concernent l'ensemble du produit avec si tout va bien 1 ou 2 questions seulement sur 40 qui concernent l'emballage. Et souvent, c'est la partie « graphisme » sur l'emballage qui est l'objet de questions.

J'ai pu trouver quelques trop rares études de consommateurs concernant le ressenti des consommateurs utilisateurs vis-à-vis des emballages seuls.

Ces études disent à peu près toutes la même chose :

Le premier constat, et ce n'est pas une surprise, est que le consommateur a du mal à parler de l'emballage.

L'emballage faisant partie intégrante d'un produit, le consommateur lorsqu'il est acheteur et/ou prescripteur ne parle jamais d'emballage, il parle produit.

En effet, un consommateur n'achète jamais un emballage mais un produit.

C'est avec cette logique simple que le CNE ne parle systématiquement que du **couple produit-emballage** car sans produit, il n'y a pas d'emballage !

Le deuxième constat est que le consommateur n'a pas conscience de la place de l'emballage dans sa vie quotidienne.

Un consommateur « moyen » manipule plusieurs dizaines d'emballages par jour. 34 dans mon cas évoqué plus haut.

Il passe du temps avec eux, se les approprie, mais il ne les voit pas vraiment.

L'emballage fait partie intégrante de la vie quotidienne des citoyens, il accompagne partout le consommateur mais c'est seulement lorsqu'il arrive en fin de vie que l'emballage prend une identité propre.

C'est d'ailleurs à ce moment précis lorsque l'emballage termine son travail pour le produit qu'il devient soudainement « encombrant, volumineux, inutile,… ».

Avant et pendant la consommation, l'emballage a beaucoup de qualités, après, il n'en a aucune.

Les études montrent que le consommateur attribue énormément de qualificatifs utiles et positifs à l'emballage.

Les quatre plus importants en fréquence de citations :

- 1. Absolument nécessaire pour protéger et transporter.
- 2. Permet de repérer le produit
- 3. Permet d'avoir toute l'information utile
- 4. Rend service au quotidien

Si l'on analyse ces phrases au crible des fonctionnalités, logistique (protection et transport), expression de la marque (repérage), information (information utile) et usage (rend service), ses qualités sont bien perçues.

La conservation n'est pas explicitement citée. Ce qui est bien dommage car cette conservation est un des piliers fondateurs et incontournables de l'emballage.

Peut-être le consommateur inclue-t-il cette conservation dans la notion de protection ? En tout cas, le consommateur ne semble pas avoir conscience que l'emballage permet au produit de durer dans le temps en conservant ses qualités. Il comprend bien la protection au sens de la logistique mais pas forcément celle liée aux aspects physico-chimiques.

La performance économique n'est pas citée mais c'est compréhensible car elle s'adresse à la production et à l'ensemble du système d'emballage dont l'emballage tertiaire, choses inconnues et lointaines du consommateur final.

A l'inverse, l'emballage n'est plus l'ami du consommateur lorsqu'il faillit à ses fonctionnalités habituelles : protection insuffisante, système d'ouverture-fermeture fuyard ou dangereux ce qui est parfaitement normal.

Il est carrément critiqué et rejeté également lorsqu'il « dépasse la ligne jaune » :

- Contenant trop grand par rapport au contenu (emballage dit « voleur »)
- Trop de publicité par rapport à l'information utile
- Difficulté à vider complètement le contenu (tube que l'on coupe)

Les critiques correspondent souvent à des défaillances dans la conception du produit, défaillances connues des sociétés productrices ou non.

Une application des bonnes pratiques de la profession permet normalement de supprimer ces problèmes.

Reste une dernière critique très intéressante car elle renvoie au « trop d'emballage » décrit par ailleurs dans les fantasmes et au final assez peu cité dans ces études.

Les consommateurs parlent peu du « trop d'emballage » mais ils le font lorsque l'emballage devient très « vendeur » et que la fonction « marketing » est hypertrophiée.

Le consommateur de façon assez inconsciente admet que l'expression de la Marque est utile (je peux repérer mon produit) mais dès que la Marque exagère, qu'elle en fait trop, la sanction est immédiate (trop d'emballage).

Je l'ai déjà dit plus haut dans les fonctionnalités, l'emballage doit séduire.

Mais il doit donc séduire avec une certaine retenue, sans ostentation. Comme dans beaucoup de domaines, il existe un juste équilibre à trouver.

Enfin, il y a les sujets d'émerveillement où le consommateur adore le résultat sans pour autant imaginer toute la technologie mise en œuvre:

- Des ouvertures de sécurité avec un bruit, un pop-up
- Des fermetures « clic » et « zip »
- Des systèmes anti-gouttes
- Des doseurs verticaux qui se vident bien
- Des minidoses individuelles
- Des becs verseurs
- Des aérosols
- Des poignées pour porter les packs d'eau

Des sujets d'agacement sont signalés :

- Des écorecharges difficiles à manipuler
- Des bouteilles compactables impossibles à compacter
- Des tubes que l'on n'arrive pas à vider

En définitive, la grande majorité de ces citations tant positives que négatives sont relatives à la fonctionnalité « usage par le consommateur »

Le consommateur est finalement très sensible à la valeur ajoutée apportée par l'emballage et le trop d'emballage ou **l'emballage « inutile » n'est perçu que lorsqu'il y a clairement un déficit de valeur ajoutée.**

Et les emballages vides alors? Qu'en pense le consommateur devenu citoyen-trieur ?

Les questions les plus fréquentes:

- Pourquoi mélanger des cartons avec du métal et des plastiques ?
- Pourrait-on avoir un mode d'emploi plus clair pour le tri ?
- Pourquoi des tris différents entre mon domicile principal et l'endroit où je passe mes vacances ?

Ces trois questions sont là depuis le début du tri sélectif et la création d'Ecoemballage et force est de constater qu'elles sont pertinentes et malheureusement toujours d'actualité.

Le citoyen a définitivement bien compris le bien fondé du tri de ses déchets.

Le consommateur souhaite simplement que le système en place lui rende la vie simple et facile. Ce que l'on peut comprendre.

Tout au long des vingt dernières années de ma vie professionnelle, j'ai commandé des études consommateurs, soit sur des catégories de produits pour comprendre ce qui allait bien et ce qu'il fallait faire évoluer en matière d'emballage, soit sur des innovations pour lesquelles l'apparence et l'ergonomie d'utilisation étaient nouvelles.

En général, ces études se déroulaient en deux temps, une phase <u>qualitative</u> avec des focus groupes dont l'objectif était de lister les questions pertinentes relatives au couple produit-emballage concerné, une phase <u>quantitative</u> sur plusieurs centaines d'utilisateurs afin de comprendre ce qu'en pensaient les consommateurs.

Plus rarement (à cause du coût), j'ai pu également conduire des enregistrements vidéos d'utilisations de produits en situation réelle ce qui est probablement la façon la plus précise de voir ce qui se passe réellement.

J'ai le souvenir d'une étude à New York sur une centaine d'utilisatrices de mascara qui étaient filmées dans un studio-salle de bains. Elles venaient avec leur trousse de maquillage personnelle mais elles ne savaient pas exactement pourquoi on les enregistrait. On leur posait ensuite des questions.

A la question « maquillez-vous vos yeux de la même façon ?», leur réponse était très majoritairement « oui bien sûr » alors même que nous avions la preuve que l'œil du même côté que la main qui maquille reçoit en moyenne les deux tiers des gestes tandis que l'autre n'en reçoit qu'un tiers. L'œil du côté de la main qui maquille reçoit donc le double de gestes, pour un résultat maquillage qui est toutefois relativement proche.

Une différence importante entre la réalité et le ressenti des utilisatrices mais le plus important au final n'est-il pas leur ressenti ?

Les études systématiques de catégories existantes de produits ont permis année après année de diagnostiquer un certain nombre de difficultés dans l'utilisation des produits. Difficultés que ni les équipes marketing ni les ingénieurs concepteurs d'emballages ne voyaient plus.

Il faut rappeler ici que toutes les personnes (marketing, designers, concepteurs emballages,…) qui participent à la conception des emballages des produits sont de véritables experts dans leur domaine mais ils ne sont plus des consommateurs normaux.

D'où des erreurs ou des oublis possibles et une utilité absolument essentielle des études consommateurs.

Des études consommateurs préalables étaient systématiques pour les innovations de rupture pour lesquelles les consommateurs n'avaient aucune habitude particulière. Là aussi, les résultats ont permis d'éviter beaucoup d'écueils.

Au total, le consommateur est un acteur incontournable de la consommation des produits et la conception des emballages doit obligatoirement s'assurer que ce consommateur comprend le produit et qu'il peut utiliser le produit avec le niveau de confort souhaité par la Marque.

L'EMBALLAGE ET LES SENIORS

Autant vous le dire tout de suite, je suis un sénior !

Enfin, pas sûr !

Cela dépend de la définition retenue.

Dans beaucoup de multinationales, après 45 ans vous rentrez dans une gestion « sénior » !

En marketing c'est au-dessus de 50 ans, rappelez-vous la fameuse ménagère de moins de 50 ans chère aux publicitaires!

Pour l'Etat, c'est plutôt au moment où l'on part en retraite, entre 60 et 65 ans, voire 67 bientôt…

Pour la médecine, la bascule se fait vers 70 ans au moment où les premiers gros pépins de santé arrivent.…

Si je prends la peine de développer mon propos sur le moment où l'on devient sénior, c'est que par expérience, **l'âge est un sujet tabou pour tous les séniors !**

J'ai conduit de multiples études consommateurs liées à l'utilisation des emballages et régulièrement j'ai pu noter que les gens refusent, consciemment ou non, qu'on les prenne pour des séniors !

Sénior, c'est bon pour mon voisin mais pas pour moi.

C'est vrai qu'il y a une formidable inégalité « biologique » entre les individus, certains vivant leur vie « par les deux bouts » et mourant à 95 ans tandis que d'autres bien sages meurent un an après leur départ en retraite….

Cette négation de leur état de sénior est un fait avéré et d'ailleurs il est peu courant de trouver des produits « spécifiques pour les séniors ».

Certains produits le sont pourtant « spécifiques séniors » mais rarement avec une revendication directe vers les séniors. Les responsables marketing connaissent bien ce point et on peut les comprendre puisque de toute façon cette « séniorité » apparait de façon inégale chez chacun.

Tout au plus voyons-nous fleurir des égéries de plus en plus « mûres » et des acteurs aux cheveux blancs qui induisent de façon indirecte que la pub s'adresse aux plus âgés d'entre nous.

Pourquoi donc parler des séniors dans l'emballage ?

Parce qu'un consommateur qui vieillit n'utilise plus les produits de la même manière que lorsqu'il est « dans la force de l'âge ».

Le problème des séniors et des emballages est principalement celui de leurs mains qui deviennent moins fortes, moins précises, moins habiles.

Cela veut dire que la séniorité dont on parle est plutôt celle des médecins, après 70 ans.

Le problème est aussi à un degré moindre celui des yeux que le port de lunettes ne suffit pas toujours à faire bien fonctionner. J'y reviendrai un peu plus loin.

Pour les mains, j'ai l'exemple précis de quelqu'un qui m'est très cher et qui, à 89 ans, ne peut plus ouvrir une bouteille d'eau minérale.

Il a été toute sa vie un travailleur manuel habitué aux durs travaux et il a gardé de belles, grosses et larges mains. Mais des mains qui n'ont plus la force nécessaire pour briser le collier de sécurité en plastique qui vous assure que la bouteille n'a jamais été ouverte.

Résultat ? Il ne consomme plus d'eau minérale en bouteilles.

Quand ce n'est pas la force, c'est un léger tremblement. Ou une déformation de certains doigts. Les mains toujours.

Comme la prise en mains d'un produit de consommation se fait... avec les mains et en premier lieu avec son emballage, **l'emballage devient un des révélateurs quotidiens de la difficulté de vieillir.**

Plus c'est difficile pour des consommateurs « normaux », plus cela devient impossible pour les séniors.

Il est d'ailleurs possible de tirer un pont entre les très jeunes et les séniors. Un enfant de 5 ans n'a pas l'habileté et la force de gérer l'ouverture de la plupart des produits. Mais là, c'est plutôt un avantage car personne ne souhaite vraiment leur laisser déjà pareille autonomie.

Cette difficulté propre aux séniors est à mettre en parallèle avec une tendance sociologique forte: le nombre de séniors augmente et il va continuer à augmenter

L'INSEE nous prédisait que les plus de 60 ans passeraient de 20% de la population en 2000 à 33% en 2030. Dit autrement, de 12 à 20 millions de personnes en France.

Ce « sénior-boom » affectera l'ensemble des pays européens et tous les pays développés dans les 15 prochaines années.

De façon assez étonnante à mes yeux, je ne constate pas de prise en charge forte et systématique de cette problématique par les Marques.

On en parle depuis près de quinze ans et cela ne bouge vraiment pas vite.

Sans doute parce que techniquement ce n'est pas simple, sans doute aussi parce que c'est de nature à augmenter les coûts, coûts que l'on pourra difficilement mettre en avant à cause de cette négation de l'état de sénior par les séniors eux-mêmes.

J'ai rencontré dans le cadre du CNE l'organisation des malvoyants afin de comprendre ce que l'emballage pourrait faire pour eux.

Pour donner quelques chiffres, il y a en France environ 60 000 aveugles et un peu plus de 3 millions de malvoyants de toutes natures que les lunettes ne peuvent pas aider pleinement.

Au-delà du braille pour le peu d'aveugles qui connaissent ce langage très particulier, il n'y a pas de solution vraiment opérationnelle pour les malvoyants.

L'enjeu ici est la fonctionnalité « information »

J'avais expliqué lors de notre réunion qu'au niveau légal, les informations sur l'emballage doivent être visibles et lisibles, et qu'en général sauf pour les très petits produits qui disposent d'une dérogation, elles le sont.

Dans la réalité, le besoin de mettre le maximum d'informations sur les emballages conduit les marques à écrire le plus petit possible (en restant dans la loi bien sûr) mais avec un consommateur à la vue parfaite et avec un éclairage maximum.

A la fin de notre rencontre, la responsable de cette organisation formula une conclusion que j'ai trouvée particulièrement pertinente concernant l'amélioration à demander concrètement aux Marques :

Dites aux Marques qu'elles améliorent la lisibilité pour les gens normaux. En le faisant, ipso facto, elles amélioreront la situation pour tous les malvoyants.

J'ai envie de faire la même suggestion aux Marques pour la situation des séniors.

Sans cibler les difficultés des séniors, faites des efforts pour tous les consommateurs en rendant l'usage des emballages des produits plus facile.

En rendant ainsi plus confortable **l'utilisation pour tous,** on repoussera d'autant l'âge où les produits deviennent difficiles à manipuler, <u>car ils le deviendront inéluctablement un jour ou l'autre.</u>

Un très bon exemple récent est une gourde de compote dont il était particulièrement difficile d'ouvrir le tout petit bouchon plastique, le diamètre du bouchon donnant une très mauvaise prise en mains pour briser l'inviolabilité.

Une marque vient de mettre deux « oreilles de Mickey » sur la petite capsule et celle-ci s'ouvre maintenant sans problème.

Même pour un sénior….

L'EMBALLAGE et LES FANTASMES

Les emballages sont l'objet d'affirmations partiellement ou totalement erronées et cette situation présente un peu partout en Europe est plus particulièrement franco-française.

Différentes ONG parfois relayées par des magazines TV font leurs choux gras de critiques assez peu documentées et toutes plus caricaturales les unes que les autres.

Ayant voyagé et travaillé dans tous les grands pays développés du Monde, je n'ai pas trouvé ni en Amérique du Nord ni au Japon la même attitude vis-à-vis de l'emballage.

L'utilité et la pertinence de l'emballage n'est pas contestée dans ces pays.

Que ces aprioris négatifs vis-à-vis de l'emballage des produits aient été à l'origine, ou non, des législations européennes qui réglementent les emballages, il faut néanmoins constater que seule l'Europe aujourd'hui s'est dotée d'un tel arsenal législatif:

- <u>Le concept de REP</u> (Responsabilité Elargie du Producteur) qui oblige les producteurs de produits à prendre en charge les produits et donc leurs emballages vides en fin de vie

- <u>La directive « emballages et déchets d'emballages »</u> qui impose de n'utiliser que le strict et juste nécessaire pour créer les emballages.

Malgré cela, les critiques persistent.

Probablement parce depuis 20 ans personne n'a vraiment pris la peine d'expliquer les choses.

Le Conseil National de l'Emballage élabore depuis 1997 des documents regroupant les bonnes pratiques et il les diffuse vers les différentes parties prenantes.

Le CNE est parfaitement légitime pour faire ce travail mais il n'a pas la puissance nécessaire pour communiquer comme le ferait une Fédération adossée à des dizaines de milliards d'euros de chiffre d'affaire et à des centaines de milliers d'emplois.

Force est de constater que l'emballage en tant que métier important n'existe pas aujourd'hui en France même s'il représente je l'ai écrit dans le chapitre « chiffres clés» un poids du même ordre que l'aéronautique civile.

Revenons donc aux fantasmes les plus courants afin lorsque c'est justifié d'essayer de leur tordre le cou !!! Cela participera à la nécessaire pédagogie que l'emballage mérite.

A noter au préalable que <u>ces fantasmes portent tous sur les emballages ménagers</u>, emballages qui je l'ai souligné précédemment sont ceux que le citoyen voit tous les jours. C'est donc très logique. Personne ne discute l'utilité des emballages B2B pourtant 1,5 fois plus nombreux en poids.

Cinq fantasmes parmi les plus courants sont abordés :

- L'emballage fait vendre le produit.
- Il faut supprimer les suremballages !
- Le vrac supprime 100% des emballages.
- Il faut revenir à la consigne !
- Vive les emballages biodégradables !

L'EMBALLAGE FAIT VENDRE LE PRODUIT!

Combien de fois ai-je entendu cette phrase ? Souvent accompagnée d'ailleurs de : « c'est comme la pub !»

Une phrase résolument négative où l'emballage ne serait pas là pour ses fonctions techniques mais uniquement pour son esthétique et son pouvoir de séduction.

Avant de conclure sur la pertinence ou non de l'affirmation titre, je vais lister les arguments pour et contre.

Lorsque que j'ai détaillé la fonctionnalité « expression de la Marque », j'ai rappelé sans aucune ambiguïté que l'emballage a une fonction très claire de communication des valeurs de la Marque.

L'emballage doit séduire au mieux les acheteurs en grande surface qui n'ont que quelques secondes pour se décider.

Séduire, rassurer et convaincre.

A ce titre, l'emballage participe à l'effort général de communication et de conviction qu'une Marque fait vers ses potentiels acheteurs-consommateurs.

Ni plus ni moins que la publicité médias, que l'échantillonnage gratuit, que les coupons de réduction, que les promotions de toutes sortes, qu'une carte de fidélité, que la publicité sur le lieu de vente….Tous moyens qui permettent effectivement de promouvoir le produit auprès de consommateur.

Mais rappeler cette fonctionnalité « expression de la Marque » ne doit pas faire oublier les **cinq autres fonctionnalités essentielles** d'un emballage, conservation, logistique, information, utilisation et performance économique.

Faire vendre le produit n'est pas la préoccupation unique et essentielle de l'emballage d'un produit mais elle est une des composantes de la fonction « expression de la Marque »

Pour mieux comprendre les enjeux, revenons un instant sur la stratégie des Marques.

Un des objectifs constants d'une marque est de fidéliser au mieux ses consommateurs, fidélité à la Marque et fidélité à chacun des produits proposés.

Cette fidélisation s'opère grâce à différents leviers mais le principal d'entre eux reste la satisfaction globale que le client a dans son expérience de consommation.

Cela veut dire que lorsque que l'acheteur va acheter une nouvelle fois le produit, c'est parce ce dernier lui a convenu et nous pouvons affirmer à ce moment que l'apparence de l'emballage du produit compte très peu.

Un acheteur serait en effet particulièrement stupide d'acheter de nouveau un produit uniquement parce que son emballage est très attractif si par ailleurs le produit contenu ne lui va pas !!!

L'acheteur ré achète un produit parce que le produit dans son ensemble correspond à ses attentes.

Ainsi donc, si l'emballage « expression de la Marque » joue son rôle (décrit plus haut) lors du premier achat d'un produit, il n'intervient plus réellement lors du ré-achat.

Cela dépend bien sûr des marques et des catégories de produits mais très souvent le pourcentage d'achats répétitifs est infiniment plus grand que le pourcentage de premiers achats. Ce qui minimise donc l'apport de l'emballage dans l'acte d'achat, apport fort pour le premier achat, apport très faible lors du ré-achat.

Rappelons maintenant que la satisfaction globale du client passe également par **l'utilisation du produit**. Je l'ai expliqué dans la fonctionnalité « usage ».

Un emballage qui procure une bonne compréhension du fonctionnement du produit, une ergonomie bien pensée pour l'ouverture et la fermeture, un confort certain à l'utilisation fera gagner des points dans la bataille de la fidélisation.

Infiniment plus que son esthétique.

De fait, c'est plutôt en négatif que cela se passe : si l'expérience globale de consommation est bonne, le consommateur oubliera bien souvent que l'utilisation y est pour quelque chose. Il appréciera son produit, sans exprimer forcément l'ensemble des qualités qu'il lui trouve et notamment celles de l'emballage.

Par contre, s'il y a un problème quelconque lors de l'utilisation à cause de l'emballage, un opercule qui se déchire mal, une capsule impossible à dévisser, un carton qui coupe, une restitution du produit difficile, un dosage compliqué, … le client sera immédiatement dans un état d'esprit propice au changement et la fidélité au produit et à la Marque ne sera plus garantie.

Au total, **l'emballage participe d'abord à l'effort général de la Marque pour faire que le premier achat se réalise**, premier achat essentiel car comme aurait dit M. de La Palice, sans premier achat, il n'y a pas d'achats de renouvellement. Les Marques savent toute la difficulté et le coût de recruter de nouveaux consommateurs.

L'emballage est ensuite un acteur important de l'expérience de consommation et ses autres qualités notamment celles à l'utilisation participent à ce que le client ait ou non envie de racheter le produit.

OUI, l'emballage sert à faire vendre le produit qu'il emballe, au moment du premier achat en l'absence de vendeur et aussi lors de la consommation du produit.

NON, la fonction première de l'emballage n'est pas uniquement de faire vendre. Toutes les fonctionnalités de l'emballage sont également importantes et essentielles.

IL FAUT SUPPRIMER LES SUREMBALLAGES

Une étude d'opinion récente a montré une fois de plus que les citoyens consommateurs (80%) estiment qu'il y a trop de suremballages. Beaucoup trop.

Lorsque l'enquêteur concentre ses questions par catégorie de produits, le pourcentage de présence de suremballages est immédiatement divisé par 2 (40%) !

Lorsque le même enquêteur a demandé aux consommateurs de donner des exemples précis il a obtenu très peu de réponses.

« Ça ne me vient pas spontanément à l'esprit. »

Prenons alors la catégorie des eaux minérales. Y a-t-il trop de suremballages ? « *NON, l'eau non.* »

Prenons la bière. Y a-t-il trop de suremballages ? « *NON, la bière non.* »

Prenons les œufs. Y a-t-il trop de suremballages ? « *NON, les œufs, non.* »

En fait, lorsque l'enquêteur a passé en revue la vingtaine de grandes catégories de produits de consommation courante, la majorité des citoyens consommateurs n'a pas trouvé qu'il y avait trop de suremballages. Peut-être un peu trop de poids ou de volume parfois. Pas plus.

Il y a trop de suremballages mais le consommateur ne saurait donc pas les décrire précisément ?

Peut-être avant d'aller plus loin y a-t-il lieu de revenir sur la définition d'un suremballage ?

<u>Que dit le Larousse</u> ? Rien car le mot n'existe pas.

<u>Que dit la directive européenne</u> concernant les emballages et les déchets d'emballage, directive qui est notre bible à tous en matière de définitions sur les emballages ? Rien car le mot n'existe pas. On y trouve les emballages primaires, secondaires et tertiaires mais pas les suremballages.

<u>Que dit Wikipédia</u> ? Ouf, il y a une réponse !!!

Le suremballage serait une pratique non durable mais dans certains cas jugée nécessaire consistant à commercialiser des produits avec un emballage jugé excessif…

Suremballage voudrait donc dire emballage excessif, comme surpoids = trop de poids ou sur régime = régime trop élevé.

Là, les choses deviennent un peu plus claires, suremballage est employé pour exprimer le trop de poids ou de volume de l'emballage.

En anglais, suremballage se traduit « over packaging » et TESCO une très grande chaine de distribution britannique a décidé en 2009 de combattre le phénomène de l'over packaging.

Sans aucune obligation réglementaire particulière (au-delà de la directive) au Royaume Uni, ils en ont fait une revendication essentielle de leur positionnement d'Entreprise Responsable.

Cela s'est traduit par la mise à disposition d'espaces dédiés après les caisses pour que les consommateurs se défassent de leurs emballages en trop car ils avaient compris suremballages comme emballages qui ne servent à rien.

Après plus de 2 ans d'expérimentation, aucun volume significatif d'emballage n'était laissé dans leurs magasins. Tout au plus les emballages vides de produits que certains consommateurs peu scrupuleux avaient consommé impunément sur place…

La direction a décidé d'arrêter l'expérience qui s'est révélée un échec cuisant.

De façon identique, dans la foulée du « Grenelle » de l'environnement après 2010, le parlement français a décidé de légiférer sur ce même sujet et la grande distribution en France a été obligée d'implanter des tables de « déballages » permettant aux clients de ne pas s'encombrer des éventuels suremballages inutiles.

Echec là aussi dans les grandes surfaces qui avaient expérimenté la chose. La loi est toujours là mais de façon très pragmatique, elle n'est plus appliquée car elle ne correspond à aucune réalité.

Si l'on revient sur le sens que les consommateurs donnent à la notion de trop de suremballage, on comprend donc que leur ressentiment ne vient pas du trop d'emballage au service de leurs produits mais plutôt **du trop d'emballages vides qu'ils ont à manipuler après consommation.**

Ce qui n'a rien à voir !!!

Retour donc à cette donnée constante de l'opinion de nos concitoyens : **j'apprécie l'emballage de mes produits mais je déteste les emballages devenus déchets une fois vides.**

Je n'essaierai pas de trouver une explication « sociologique » ou même philosophique.

L'emballage vide est le révélateur d'une société de consommation que le consommateur adore (avec le produit) mais dont il a un peu honte (avec l'emballage devenu vide)

Il faut donc se rendre à l'évidence et c'est validé par les consommateurs eux-mêmes, l'immense majorité des emballages sert à quelque chose tout au long de l'expérience de consommation d'un produit.

Chacun pourra bien sûr de temps en temps se poser la question du volume ou du poids d'un emballage donné car comme dans tout système la « ligne jaune » est parfois dépassée.

Les exemples ne manquent pas dans certaines catégories de produit comme les jouets pour lesquels l'emballage que l'enfant va ouvrir est souvent plein de…vide !

Mais là, la dimension « cadeau » entre en ligne de compte et une boite bien emballée presque aussi grande que le bambin qui la prend dans ses petits bras est le début d'un rêve et l'assurance d'un grand moment de plaisir….

J'avais réalisé une étude (avant la crise de 2008) des produits « classe A » de mon Groupe afin de mesurer l'éventuel écart par rapport à la norme européenne.

Les produits A sont ceux qui en petit nombre représentent 50% des volumes en production et en vente.

J'avais pu identifier une seule cause significative de dérive par rapport à la Directive: **le souhait constant de gagner du « facing » en linéaire, d'être un peu plus visible, plus volumineux que nécessaire.**

Cela concerne par exemple les flacons nécessairement plutôt plats pour être visuellement plus larges en linéaires (mais aussi plus faciles à prendre en mains) et donc de section ovale. Comparés à des flacons de même contenance de section ronde, ils sont très légèrement plus lourds. Ce surpoids peut représenter jusqu'à 1 gramme selon les formes (rapporté à un poids de flacon de 20 à 30 grammes)

Un autre exemple pourra être un étui pliant en carton légèrement plus haut que nécessaire avec un petit calage intégré par pliage au fond sur lequel vient s'appuyer le produit.

Là aussi, le grammage supplémentaire est faible mais réel. Et là aussi la motivation pour l'emballage est d'apparaitre plus volumineux que son concurrent (qui souvent fait la même chose !!!).

Il est possible de citer également les fonds « bombés » de flacons verre de façon à être plus hauts à contenance égale ou des pots de rillettes en plastique où les fonds sont là aussi surélevés. Les exemples ne manquent pas.

Rapporté en poids de matériau utilisé, l'écart global se mesurait en quelques pourcents, environ 4% dans mon analyse.

Totalement marginal en poids mais relativement plus significatif en volume.

Et encore, cela se concentrait souvent sur des petits produits pour lesquels la distribution nous demandait parfois un volume minimum afin de diminuer les vols en grande surface !

Bien sûr, aucun emballage de ces produits A n'était susceptible d'être « déballé » après passage en caisse car les différentes parties de l'emballage étaient toutes utiles pour le consommateur. C'était avant 2008, avant que la crise financière n'impose à tous un nouveau tour de vis sur les coûts….

Participant depuis 5 ans à des réunions tenues par le ministère de l'Environnement, j'ai entendu certaines parties prenantes affirmer très sérieusement que supprimer les suremballages permettrait de diminuer drastiquement le poids des ordures ménagères…

Des chiffres ont été jetés en travers de la table : 30% voire 50% si les producteurs se forçaient un peu ?

J'ai pris le temps de leur répondre de façon précise et j'espère convaincante. Sans garantie aucune d'avoir été cru ou vraiment compris…

Cette guerre contre les suremballages est reprise de temps à autre par des journalistes en mal de copie et peu au courant de la situation…

Je donne toujours le même exemple quand il faut ramer à contre-courant contre les idées reçues : depuis 1965, la communauté scientifique mondiale sait qu'il n'y a pas plus de fer dans les épinards que dans beaucoup d'autres aliments.

Cela fait donc exactement 50 ans que l'erreur à l'origine de cette croyance a été rectifiée. Et pourtant bon nombre de personnes répondront spontanément que les épinards contiennent beaucoup de fer.

La faute à Popeye peut être ???

L'ensemble de ces faits me conduit à affirmer « *qu'il faut supprimer les suremballages* » relève aujourd'hui du pur fantasme.

Et qu'il serait bien qu'une communication adaptée permette aux relais d'éducation et d'information de le faire savoir au consommateur citoyen.

LE VRAC SUPPRIME 100% DES EMBALLAGES

J'ai encore pu lire très récemment sur la porte d'un magasin de vente en vrac « *100% sans emballages* ».

C'est évidemment extrêmement désolant que pour faire à tout prix du commerce certains puissent se laisser aller à énoncer des contre-vérités de cette nature.

Il y aurait probablement de belles choses à dire sur les produits eux-mêmes.

Enfin, peut être ! Car d'une certaine façon ce mensonge initial laisse planer un doute sur toutes les autres allégations proférées par ce magasin. Quand quelqu'un commence à mentir sur un point, pourquoi s'arrêter ?

Le « bio » est-il réellement bio ? Le commerce « équitable » est-il vraiment équitable ? Les produits ne viennent-ils pas des mêmes producteurs de masse mais juste emballés différemment ??

Souhaitant aller jusqu'au bout de l'expérience, j'ai donc franchi la porte et jeté mon dévolu sur des amandes enroulées dans de la poudre de cacao. Produits impossibles à mettre directement dans ma poche.

J'avais trois solutions à ma portée :

- 1. Amener mon propre emballage (ce n'était pas le cas)
- 2. Utiliser un sac papier+plastique mis à disposition

- 3. Utiliser un bocal verre+plastique vendu dans le magasin

Dans les trois cas, on parle bien sûr d'utiliser un emballage. Emballage qui est pudiquement appelé par le magasin en question un « contenant » comme si le changement de mot pouvait changer la réalité des choses !

Bien évidemment, l'emballage alors utilisé diffère des emballages de produits pré-emballés que l'on trouve dans la distribution dite moderne.

Et alors ? Qui nous dit que le système utilisé par ce magasin (emballages amont + emballage qui va chez le consommateur) est meilleur pour l'environnement qu'un emballage unique qui va du producteur au consommateur ?

De toute façon, meilleur ou pas, il y a emballage et mentir au consommateur n'est pas acceptable

Devant le choix qui m'est alors posé pour emballer mes amandes au cacao, je décide d'acheter un bocal (que je pourrai éventuellement réutiliser).

4€ pour l'ensemble verre + capsule plastique + joint, connaissant un peu le coût des emballages, je peux affirmer que c'est beaucoup plus cher que dans les magasins alimentaires de grand luxe.

Pour un marchand qui ne vend pas d'emballages, cela constitue une très belle marge. Un très lucratif business. Mais le souci n'est pas le prix car comme chacun sait, la santé et le plaisir n'ont pas de prix….

Je prends le bocal et l'ouvre. Le joint souple avait été mis en biais par le producteur (allemand cet emballagiste) ce qui en soi n'est pas un gros problème. Cela peut arriver. Je le remets en place et je constate qu'ayant été mal mis à l'origine, il tend à se remettre en biais. Je repose le bocal et en prend un autre qui lui est parfait.

Je m'aperçois alors que j'ai mis mes mains à l'intérieur du premier bocal, du joint et de sa capsule. Même si je suis particulièrement attentif à la propreté, 30 mn de métro auront déposé sur mes mains leur contingent de bactéries de toutes sortes. Je décide de reposer le deuxième bocal sans l'ouvrir et de reprendre le premier.

Je ne mangerai pas les amandes au cacao et cela me chagrine un peu mais bon, je ne souhaite pas qu'un autre client profite de mes bactéries… de toute façon, je ne suis pas sûr que le bocal qui m'a été vendu ait été lavé ou désinfecté avant d'arriver dans le magasin…

J'arrête là mon reportage personnel et renvoie le lecteur à la note de position rédigée par Le Conseil National de l'Emballage sur le sujet de la vente en vrac. Tout y est dit et de façon très claire, très factuelle.

Mais pourquoi donc cette obstination à dire que le vrac n'utilise pas d'emballages ? Parce que la guerre de ce type de circuit se fait contre le commerce dit moderne où les produits sont pré-emballés et qu'il faut trouver des arguments.

En fait, en bon français, la vraie revendication devrait être « 100% sans produits pré-emballés_» mais c'est quelque chose de compliqué à comprendre pour le consommateur et surtout ce n'est pas négatif du tout !!

Probablement sans effet d'accroche. Pourquoi les produits pré-emballés seraient-ils un problème ? Le sont-ils d'ailleurs? Bien sûr que non !

Dans un temps ou le respect de l'environnement est tendance, la tentation de passer de l'autre côté de la ligne jaune est grande. Mais mentir sur cet inconnu qu'est l'emballage, ce n'est sans doute pas un gros mensonge à leurs yeux.…

C'est dommage car je pense que ce type de circuit aurait plein de choses positives à dire sur ses produits…

Respect de l'environnement ou respect du consommateur ? Pour ma part, je souhaite faire les deux.

Sans allégation non fondée car en bon français les mots ont un sens.…

Sans être vraiment novatrice, la vente en « vrac » est effectivement différente des autres façons de distribuer les produits de consommation et notamment de la distribution en self-service.

Son seul point commun avec les autres circuits de distribution: la vente en « vrac » utilise aussi des emballages !

IL FAUT REVENIR A LA CONSIGNE !

C'est une phrase très en vogue depuis plusieurs années dans les revendications de certaines parties prenantes dont le pouvoir politique : « *Il faut revenir à la consigne !* »

Un de mes contacts dans une grande association de défense de l'environnement me disait d'ailleurs très récemment que leurs militants de base réclament cette consigne à chacune de leurs réunions. Ils y croient.

Avec l'espoir sans doute que ce retour à la consigne puisse faire disparaitre les emballages vides que notre consommation génère !!

Le sujet est d'autant plus d'actualité que la dernière loi en date sur la transition énergétique demande très officiellement d'expérimenter la chose.

Avant de parler de la consigne proprement dite, parlons du « retour ».

Qui dit retour à quelque chose induit que ce quelque chose a existé.

En quelles années avions-nous en France des emballages vides consignés pour le grand public ? Et quels étaient-ils ?

Après 1945, certains emballages en verre ont fait l'objet de consigne : les bouteilles étoilées du vin de consommation courante, la bouteille de bière avec fermeture céramique + cavalier en fer, le litre de lait.

Dès que le commerce « moderne » s'est déployé, ce système a diminué pour disparaitre au milieu des années 70, certaines bouteilles continuant leur vie de consigne dans le circuit CHR (Cafés, Hôtels, Restaurants)

La consigne pour réemploi est d'ailleurs toujours utilisée dans ce circuit CHR.

Quel a été un des principaux impacts de l'apparition du commerce moderne en supermarchés ? Les produits devant être vendus en libre-service sont devenus préemballés. Afin notamment de garantir l'hygiène du produit contenu.

Ce qui était détaillé par les petits commerçants et vendus dans des sacs en papier ou autres emballages s'est retrouvé dans des emballages en cartons compacts et plus tard dans du plastique.

Par ailleurs, la majorité des produits d'aujourd'hui n'existaient pas sous la forme que l'on connait de nos jours.

Je vais prendre l'exemple des cornichons au vinaigre. Mes parents avaient un jardin et mon père cultivait des cornichons que ma mère mettait amoureusement chaque année en bocaux.

Aujourd'hui, rien n'empêche de faire ses propres cornichons car même si l'on est en ville, il est possible d'en trouver sur les marchés. C'est juste une organisation à monter, de la place et du temps à allouer.

Résultat, la plupart des français achètent des cornichons préemballés, produits qui n'existaient pas avant. Moi le premier, tout en rêvant parfois à ceux de ma maman qui étaient (dans mon souvenir en tout cas) bien meilleurs…

Je peux aussi parler de la mayonnaise que je fais très bonne lorsqu'il y a une grande tablée à la maison (et quand je ne la rate pas !!!) mais que l'on achète préemballée pour les petits besoins de tous les jours.

Les modes de consommation ont complètement changé en 50 ans, la production des produits alimentaires s'est massifiée, les emballages ont accompagné le changement des anciens produits et la création de beaucoup de nouveaux, la distribution a changé. Rien n'est plus vraiment comparable.

Sur les 100 milliards d'unités de vente annuelles consommées en France, moins de 8 milliards sont emballées en verre avec des produits contenus à peu près équivalents, du champagne, du vin, du parfum, des produits intemporels. Moins de 8%.

Ce qui veut dire que l'immense majorité des emballages utilisés aujourd'hui (plus de 90%) n'existaient pas au moment de la consigne.

Et qu'en conséquence parler de « retour » pour ces emballages n'a pas beaucoup de sens.

Voyons maintenant en détail cette consigne. Différentes instances dont l'ADEME ont travaillé sur les définitions attachées au vocable général « consigne ».

Dans le cas de l'emballage, Il faut comprendre que la consigne signifie qu'un système est mis en place afin que les emballages vides soient retournés afin d'être nettoyés puis réutilisés. Il s'agit de « **consigne pour réemploi** ».

J'ai lu il y a quelques mois que les « producteurs » étaient contre la consigne. Producteurs de produits ? Producteurs d'emballages ?

Je peux assurer pour bien connaitre les Marques et les producteurs de tout poil qu'il n'y a aucune attitude dogmatique sur le sujet de la consigne.

La meilleure preuve est que les échanges industriels et commerciaux représentent 60% du tonnage des emballages utilisés en France et que pour ces emballages, la consigne est utilisée dès que cela fait du sens économique.

Les palettes, les fûts de bière, les cageots pour légumes,…, sans oublier les bouteilles de verre du circuit CHR.

Pour qu'une consigne fonctionne correctement, il existe des facteurs clés de succès que l'on a pu identifier grâce aux consignes existantes dans le hors ménager. Je vais en citer quelques-uns sachant que cette liste n'est pas exhaustive :

- Une standardisation de tout ou partie de l'emballage. Un litre « étoilé » en verre que l'on peut boucher et étiqueter de façon différente après l'avoir nettoyé, des fûts de bière aux dimensions précises, des palettes normalisées, …
- Un emballage prévu pour de nombreuses utilisations avec une qualité bien définie (souvent plus résistant et plus lourd qu'un emballage jetable)
- Une disponibilité immédiate et facile des emballages consignés (c'est-à-dire des stocks conséquents)
- Une logistique retour simple avec boucle locale voire régionale

Mais surtout, le point principal, **l'efficacité économique doit être au rendez-vous.**

Je peux témoigner avoir mis en place à la fin des années 80 un système de containers spécifiques de 800 litres pour remplacer des fûts en métal jetables de 50 ou 100 litres, et ceci pour une seule matière première liquide dont les volumes avaient explosé suite au succès mondial du produit correspondant.

Ces containers retournables ne pouvaient pas contenir d'autres matières et le volume seul a pu justifier et rentabiliser très rapidement l'investissement correspondant.

Pour toutes les autres références (il s'agissait de parfum en l'occurrence), leur volume d'achat trop faible n'a jamais permis de passer à des emballages consignés.

Mettre en place techniquement une consigne sur des emballages ménagers est donc possible si l'on respecte 2 grands principes :

- Que l'emballage vide reste intègre et permette un nettoyage. Un pot de yaourt sécable ou un emballage carton déchiré ne permettra pas de réutilisation.

- Que les conditions techniques listées plus haut soient réunies : Standardisation, conception adaptée, disponibilité,...

Après, il faut comparer les coûts complets entre jetable et réemployable.

Tous les coûts.

J'ai pu détailler dans le chapitre « performance économique » que le coût complet d'un emballage va bien au-delà du coût de l'emballage seul et que notamment la performance des machines de remplissage est fortement liée à la conception de l'emballage.

Concevoir un emballage à la fois facile à remplir, facile à utiliser pour le consommateur et réutilisable est-il possible ?

A voir en fonction des matériaux mais sans doute pas si simple, une contrainte supplémentaire venant alors s'ajouter à celles déjà existantes.

Mais revenons maintenant à l'affirmation d'origine.

Si certains souhaitent « revenir » à la consigne, c'est bien évidemment pour être plus efficace au niveau impact sur l'environnement.

Qu'en est-il vraiment?

D'un côté, les emballages jetables et leur fin de vie éclatée entre recyclage, incinération et mise en décharge.

De l'autre, les emballages réemployable (souvent plus résistants et donc plus lourds) et leur logistique retour, leur nettoyage et désinfection et enfin la fin de vie d'une fraction d'entre eux.

L'Ademe s'est essayé il y a quelques années à calculer en fonction de combien de rotations et de kilomètres parcourus une consigne pouvait être envisagée sérieusement.

Des expériences réelles dans certains pays d'Europe du Nord existent et permettent de tirer des chiffres et quelques enseignements sur certains marchés comme la bière. Expériences limitées à quelques flacons en verre et en PET.

Est-ce transposable en France où le marché de la bière est notablement différent ?

La phase « expérimentation » souhaitée par les pouvoirs publics va j'espère trouver des volontaires afin que nous puissions objectiver ce dossier.

Je suis client d'une société, BOCO, dont le concept est de vendre des plats préparés issus de recettes d'une quinzaine de chefs connus.

A l'origine il y a quelques années, tous les produits étaient emballés dans des bocaux en verre (d'où le clin d'œil avec le nom) eux-mêmes fermés par des opercules en verre maintenus avec des clips en métal. 2 tailles de bocaux, un grand et un petit.

Depuis le lancement de la société, les bocaux pouvaient être retournés dans les magasins afin d'être nettoyés et réutilisés. Ce que nous faisions scrupuleusement après les avoir sommairement lavés au préalable.

Il y a environ un an, les premiers opercules en matière plastique sont apparus pour remplacer petit à petit certains opercules en verre.

Tout récemment, le magasin proche de chez nous nous a indiqué qu'ils ne reprenaient plus les bocaux vides, qu'il fallait les recycler comme le reste du verre.

Au total, BOCO comporte un site de vente sur internet et 7 magasins en France et Belgique (5 sur Paris).

Un nombre de points de vente très limité dont la majorité concentrée sur peu de km, seulement 2 modèles d'emballages, du verre facilement lavable, **a priori des conditions très favorables au réemploi au moins pour les ventes en magasin de la région parisienne.**

Exactement le type d'expérience réclamé !

Je n'ai pas pu savoir la cause exacte de la disparition de ce réemploi des emballages mais force est de constater que ce modèle émergeant de consigne a disparu très vite….sans doute à cause d'un coût élevé difficile à pérenniser et en dépit d'une acceptabilité consommateur a priori acquise.

En regardant le spectre actuel des emballages utilisés pour les quelques 100 milliards d'unités de vente, peu d'entre eux seraient techniquement susceptibles d'être réutilisés. Et parmi ces derniers, peu sans doute présenteraient une équation économique améliorée.

Reste que s'il est démontré que cela fait un sens au niveau de l'environnement et que les impacts sont diminués de façon importante, l'expérience est à tenter.

A quel prix pour le consommateur final ?

Même si de temps à autre, à l'instar des madeleines de Proust, les cornichons de ma Maman me reviennent en mémoire, je ne crois pas qu'une solution d'avenir soit de reprendre des systèmes d'un temps passé où absolument tout était différent.

Au final, je doute que le recours à la consigne soit vraiment pertinent pour une fraction significative des emballages ménagers. Un fantasme de plus.

VIVE LES EMBALLAGES BIODEGRADABLES !

Un déchet est dit « biodégradable » lorsqu'il appartient à une catégorie de déchets d'origine végétale ou animale qui se décomposent grâce à l'action d'organismes vivants.

Typiquement, les déchets « verts » comme les feuilles, tontes de gazon, coupes de fleurs et fruits, …, ont cette appellation.

Avant de devenir déchet, le produit considéré sera également dit biodégradable et c'est ainsi que cet adjectif est venu qualifier certains emballages au début des années 90.

Aidé du côté « magique » du préfixe « BIO » qui renvoie à ce que la Nature (avec un grand N) a de meilleur, **le mot biodégradable tend à exprimer que la nature va faire le job et nous débarrasser de ce que nous avons produit et consommé.**

On peut ainsi comprendre aisément que nos politiques soient attirés par ces promesses : *utilisez ce produit ou cet emballage, il est biodégradable* !

La démarche est séduisante : je continue à consommer autant que je veux et la nature s'occupe du reste !

Je suis dédouané de toute action, de toute implication. Le rêve!

Lorsque l'on jette un trognon de pomme dans la nature, il est tout à fait concevable que cela se passe ainsi.

En combien de temps ? 1 jour, 1 semaine, 1 mois ???

Ça, c'est déjà moins clair.

Car s'il faut supporter pendant des semaines la vision d'un trognon de pomme en décomposition devant chez soi, on ajoute une pollution visuelle voire olfactive à la pollution intrinsèque du produit.

Pareil pour un mouchoir en papier qui jeté dans la nature va disparaitre. Mais pas immédiatement.

Il y a 25 ans, lors de l'apparition des premières matières plastiques biodégradables qui venaient alors des USA et d'Italie, j'avoue humblement que j'ai rêvé à ce moment d'avoir mis la main sur une solution d'avenir.

Immédiatement, j'ai fait faire des flacons en plastique « biodégradables » avec ce nouveau matériau et je les ai testés, dans nos étuves avec les principales formules de la maison, dans le jardin d'un collaborateur une fois vidés (habitant en ville, je n'avais pas de jardin !)

Les résultats ont été doublement négatifs. Au bout d'un temps beaucoup plus court que celui souhaité par nos protocoles, les flacons ont perdu tout ou partie des formules, se sont fortement déformés, **la fonction « barrière » n'étant absolument pas au rendez-vous.**

Parallèlement, les flacons vides ressortis de terre après plusieurs mois dans un bon terreau de jardinier étaient toujours là, très peu attaqués par les organismes qui étaient censés les « manger » !

Dès ce moment, j'ai compris que le biodégradable appliqué à l'emballage primaire était un pur fantasme, tout simplement parce qu'une des fonctionnalités de base, la barrière, ne serait jamais au rendez-vous.

J'aurais pu gagner du temps dans mes conclusions en prenant l'exemple du papier-carton qui est biodégradable et que l'on sait depuis toujours avoir des propriétés barrières limitées voire nulles dans le cas des liquides lorsqu'il est utilisé seul.

Mais rien ne vaut l'expérience vécue pour fonder des conclusions solides.

Depuis ce moment, la connaissance des matières plastiques biodégradables a bien progressé et des normes de décomposition ont été mises au point. De nouveaux matériaux sont apparus également comme le PLA (Poly Lactic Acid), aussi peu barrière que ces devanciers.

Sur le fond, rien n'a changé. Une grande majorité des produits alimentaires sont liquides et possèdent une plus ou moins grande proportion d'eau. Et ceux qui n'en ont pas craignent l'humidité de l'extérieur….

Des emballages primaires biodégradables n'ont pas les qualités barrières suffisantes pour les contenir.

Alors bien sûr, il est possible d'utiliser ces matériaux dans des applications hors emballages primaires. Ils sont alors en concurrence avec le papier carton qui truste les volumes dans les emballages secondaires et tertiaires. Avec l'avantage toutefois de pouvoir être transparents.

Un autre souci doit être évoqué : **le fait d'être intrinsèquement biodégradable n'indique pas que pratiquement cela se fasse aussi facilement.**

J'ai le souvenir d'avoir vu des études aux Etats Unis il y a une vingtaine d'années où des carottages dans les décharges montraient que 60 ans après leur enfouissement, des journaux étaient encore tout à fait lisibles car non décomposés. Par manque d'humidité ? De lumière ? D'oxygène ? De bactéries ?

Des normes sont maintenant disponibles pour donner le qualificatif de biodégradable à un produit mais comme le montrent les études citées plus haut, il ne suffit pas d'être biodégradable pour effectivement se biodégrader.

Il faut que les conditions de biodégradation soient réunies. Dans un compost bien géré par exemple.

Au-delà des deux problèmes techniques évoqués, je vois une autre difficulté potentielle au postulat que l'on devrait utiliser certains matériaux parce qu'ils sont biodégradables.

Le geste de tri des emballages vides est maintenant bien ancré dans les habitudes des citoyens.

Le risque existe lorsque l'on met en avant la biodégradabilité d'un emballage de donner un message contre-productif au trieur :

Ai-je besoin de trier cet emballage puisqu'il est biodégradable et que la nature va s'en charger ?

De façon très responsable, les industriels du papier-carton ne mettent pas en avant cette qualité intrinsèque de leur matériau d'être biodégradable car en termes de fonctionnalités cela n'apporte rien.

Il resterait bien sûr la possibilité pour ceux qui ont un compost opérationnel chez eux ou près de chez eux de mettre dedans les emballages biodégradables.

En termes d'impacts, il vaut toujours mieux opérer un recyclage matière que laisser le produit se décomposer.

La biodégradabilité d'un emballage apparait donc comme un miroir aux alouettes. Intellectuellement séduisante mais inutile voire potentiellement dangereuse dans la pratique.

L'EMBALLAGE et la SANTE

Régulièrement depuis quelques années, certaines ONG relayées par divers magazines de la télévision française éprouvent le besoin de faire peur aux consommateurs en pointant du doigt telle ou telle substance dans les emballages, substance qui migrerait dans la nourriture et nous empoisonnerait.

Ayant moi-même des petits enfants, j'ai été confronté récemment à cette douloureuse crainte que les biberons (qui ne sont pas des emballages) « pleins de BPA » ne les aient définitivement perturbés pour la vie.

J'avoue également m'être interrogé (un peu tard toutefois !) sur l'aluminium du bidon de lait de mes parents qui aurait pu polluer le lait que je buvais alors en grande quantité….

Parmi les différentes critiques que l'on peut faire, cette communication volontairement alarmiste surfe allégrement sur une confusion savamment entretenue entre Danger et Risque

Je vais donc prendre l'exemple communément utilisé en entreprise lorsque l'on travaille sur le thème de la sécurité au travail.

Le tigre est un danger avéré pour l'homme. Un seul coup de patte suffit à vous occire.

Si le tigre est dans sa cage et que vous ne rentrez pas dans sa cage, le risque pour vous est nul.

La différence entre danger et risque est aussi simple que cela.

Il ne suffit pas qu'il y ait un danger pour que cela soit un risque.

Il faut que votre niveau d'exposition au danger soit suffisant pour qu'il y ait un risque.

Aucun acteur de la chaine de valeur de l'emballage ne conteste la dangerosité de certaines substances cancérigènes ou dangereuses pour la reproduction.

La bonne question est de savoir si le risque encouru est réel ou non.

Avant d'entrer dans le détail de la situation à date sur ces substances, il faut rappeler que la révolution industrielle durant le dix-neuvième et le vingtième siècle a amené l'homme à rejeter des substances dont il mesurait peu ou pas les impacts sur l'environnement et la santé humaine.

Les problèmes de santé étaient alors traités au coup par coup en fonction des maladies qui apparaissaient.

Pour l'illustrer, je vais décrire en quelques mots la maladie dite de Minamata. Minamata se situe au Japon au bord de la mer.

Une usine y a rejeté pendant 35 ans de 1932 à 1966 près de 400 tonnes de mercure au total dans la mer. Des maladies sont apparues après une vingtaine d'années d'exploitation de l'usine dans la population, maladies touchant des milliers de personnes vivant autour de la baie. Le mercure s'était accumulé tout au long de la chaine alimentaire pour terminer concentré dans les gros poissons pêchés pour l'alimentation pour en dernier ressort frapper l'homme.

Il aura fallu du temps pour bien comprendre ce qui se passait. Au final, il est résulté de l'analyse de cette situation tout un ensemble de réglementations touchant le mercure, et ce au niveau mondial.

De la même façon, il est maintenant prouvé que le plomb pourtant utilisé depuis l'antiquité peut amener de graves problèmes pour la santé, le Saturnisme.

Là également, de féroces réglementations traquent le plomb sous toutes ses formes. Celles et ceux qui achètent ou vendent une propriété passent notamment aujourd'hui par des diagnostics obligatoires sur la teneur en plomb des peintures et vernis.

Très naturellement, pendant cette période de découverte et d'évaluation des problèmes de santé, les réglementations qui limitent l'utilisation de substances dangereuses se sont nourries des problèmes vécus de façon à les éradiquer pour le futur.

C'est avec la même logique que la sécurité aérienne a progressé au fil du temps, chaque catastrophe venant solidifier et compléter les procédures de contrôle en vigueur.

Pour ce qui concerne les emballages, j'ai déjà évoqué les métaux lourds (mercure, plomb, cadmium et chrome hexavalent).

Les problèmes évoqués plus haut ont amené les autorités européennes puis petit à petit le monde entier à limiter leur apparition dans les emballages de façon à assurer que les produits contenus ne puissent en contenir in fine que des quantités infinitésimales.

Aujourd'hui, les emballages ne peuvent en contenir plus de 100ppm en poids pour la somme des quatre. Et ceci depuis plus de vingt ans.

La logique employée par les scientifiques et les toxicologues dans le monde est celle qui prévaut depuis que Pasteur a popularisé ses vaccins, **un poison n'est poison que si sa dose est élevée.**

C'est avec ce postulat que les vaccins comportent une très faible dose de la maladie qu'ils vont combattre. De façon à amener le corps à s'auto immuniser.

« Toutes les choses sont poison, et rien n'est sans poison ; seule la dose détermine ce qui n'est pas un poison » disait au début du XVI ème siècle PARACELSE, médecin suisse « inventeur » de la toxicologie moderne.

Ce principe se comprend d'ailleurs assez naturellement. L'homme devient malade lorsqu'il fume trop, lorsqu'il boit trop d'alcool, lorsqu'il mange trop de graisses ou de sucre... Tout excès devient dommageable voire mortel.

Heureusement, ces trop fameuses substances dangereuses pour l'homme sont maintenant l'objet de limites d'utilisation dans l'alimentation de façon à garantir la santé des consommateurs.

La différence aujourd'hui est que les substances potentiellement sensibles ou suspectes sont évaluées **avant** que n'apparaisse une situation du type Minamata.

Des centaines de substances qui peuvent être utilisées dans les matières plastiques sont ainsi listées avec une limite.

Des progrès énormes ont été obtenus en matière d'analyse des substances durant les trente dernières années. Il est possible de détecter aujourd'hui des ppb (partie par milliard ou 10 puissance -9 pour les « matheux »)

Comment ça marche ?

La limite d'exposition des substances « à risque » pour l'homme s'exprime par la DJA = dose journalière admissible.

Le calcul de cette dose journalière admissible pour l'homme est basé sur le seuil maximum de consommation au-delà duquel les premiers effets toxiques sont observables.

Ce seuil est aussi appelé « dose sans effet » (DSE).La DSE est déterminée souventes fois par des expérimentations animales en laboratoire.

On obtient ensuite la DJA en divisant par un facteur 100 à 1 000 la DSE afin de prendre en compte les variations quand on extrapole de l'animal à l'homme.

Ce coefficient de sécurité varie suivant la classification de la substance active, par exemple il est de 100 pour les composés non cancérigènes et de 1 000 pour les plus dangereuses.

Les substances montrées du doigt obéissent donc chacune à une DJA en bonne et due forme.

La fixation de la DJA est de la responsabilité des autorités sanitaires, l'EFSA pour l'Europe et l'ANSES au niveau français.

Et les contrôles de présence de substances dans les emballages sont diligentés par les pouvoirs publics, la DGCCRF en France.

Vu du côté « emballage », tout est donc parfaitement sous contrôle dans le meilleur des mondes.

C'est compter sans certains lanceurs d'alertes :

Tout d'abord, le principe fondateur « la dose, c'est le poison » est fortement contesté.

Il faut changer de paradigme disent-ils. La DJA c'est encore trop. Il ne faut plus que certaines substances apparaissent du tout, même à très faible taux. Le BPA fait partie de ces substances mises à l'index en tant que perturbateur endocrinien.

Au niveau mondial, pas loin d'un millier d'études se sont penchées sur le cas des perturbateurs endocriniens, une partie confirmant les craintes, les autres exonérant la substance de tout effet à sa dose limite.

Le monde de l'emballage est bien évidemment parfaitement incompétent pour trancher ce différent scientifique.

Il appartient aux autorités sanitaires et à elles seules de se prononcer.

Au total, les acteurs de la chaine de valeur de l'emballage ne sont pas décisionnaires dans ces débats.

Il leur est demandé de respecter des réglementations établies par les autorités sanitaires, ce qu'ils font.

Si demain telle ou telle substance voit sa DJA diminuée, les emballages se conformeront car il n'y aura pas d'autre choix.

Certaines ONG particulièrement militantes voudraient faire croire que les « producteurs » (lesquels d'ailleurs ?)

refuseraient d'enlever des substances « sensibles ». Qu'ils « traînent les pieds ». Qu'ils font un lobbying coupable.

C'est évidemment travestir la vérité que de vouloir faire croire cela.

Cet argument tient d'autant moins la route que le respect des réglementations s'imposant à tous dans un pays donné, il n'est pas un facteur de compétition entre les sociétés.

Cela est déjà moins évident au niveau de l'Europe à cause de la liberté de circulation des biens…

Je vais prendre l'exemple des CFC (les fréons) que j'ai très bien connu au début des années 80. Les CFC ont été très fortement suspectés de s'attaquer à l'ozone stratosphérique (le fameux trou de la couche d'ozone).

Les pays ont été fermement priés dans le cadre de l'ONU (Organisation des Nations Unies) de prendre des mesures d'interdiction pour les produits de consommation qui relarguaient du fréon dans l'atmosphère.

Les aérosols étaient à ce moment pratiquement tous utilisateurs de fréon, gaz parfait pour ce type d'utilisation car liquéfié et surtout, non inflammable.

Il n'aura fallu que 2 ans à l'ensemble de l'industrie en Europe pour reformuler sans fréon et concevoir les nouveaux emballages compatibles. Et deux années supplémentaires pour produire et purger les circuits de distribution des anciens produits.

Lorsque le protocole de Montréal fut signé, tous les aérosols (sauf dérogation pour les très faibles quantités de la pharmacie) avaient fait leur mutation.

Le coût fut très élevé pour l'ensemble de l'industrie mais il n'y avait pas d'autre choix. Et surtout, il n'y a pas eu de distorsion de la concurrence car toutes les sociétés ont eu la même chose à faire au même moment, la même contrainte.

Aucun des acteurs de la chaîne de valeur des emballages ne conteste aujourd'hui la nécessité de mettre sous contrôle les substances « sensibles ».

Ils n'ont pas d'autre réponse possible que la stricte conformité aux réglementations en vigueur.

Je crois qu'il n'est pas inutile toutefois d'élargir le débat de la santé au-delà des seuls emballages, la santé étant une des préoccupations majeures de nos concitoyens, la leur bien sûr et celle de leurs enfants en priorité.

Au niveau de la méthode de mesure de l'impact sur notre santé, la réponse de l'homme aux agressions des substances diverses auxquelles il est exposé est aujourd'hui « modélisée » grâce à des tests sur animaux réalisés molécule par molécule.

Est-elle vraiment pertinente même avec des coefficients de sécurité de 100 ou 1 000 selon le danger intrinsèque de la substance ? Ne faudrait-il pas des études épidémiologiques sur l'homme pour en être certains ?

Des députés européens ont démontré il y a quelques années grâce à l'analyse de leur sang que plusieurs dizaines de substances chimiques indésirables étaient présentes... A des très faibles taux mais quand même...

La majorité de ces substances n'avaient rien à voir avec les emballages mais plutôt avec les produits contenus (les pesticides notamment).

Le problème potentiel d'un éventuel « effet cocktail » se pose toutefois.

Des substances venant d'horizons très différents (contenu des produits consommés, emballages, air que l'on respire,…) présentes dans des taux individuels admissibles ne pourraient-elles devenir plus dangereuses lorsqu'elles sont ensemble ?

Dans une sorte de synergie qui décuplerait leur effet ?

Si je reviens sur un emballage comme un flacon en PE (Polyéthylène) tout simple, la molécule de base représente plus de 99% en poids de l'emballage et elle est parfaitement neutre. Mais il y a aussi très souvent un ou plusieurs colorants et divers additifs : un anti UV qui évitera au flacon d'être altéré par la lumière, un azurant optique qui évitera au flacon de jaunir, un antistatique qui évitera au flacon de prendre la poussière, un agent de démoulage permettant d'optimiser la fabrication,… Sans oublier les traces du catalyseur utilisé lors de la production de la résine plastique…

Au total, il peut y avoir en plus du PE une dizaine de molécules différentes, toutes autorisées individuellement en qualité et quantité bien sûr.

La combinaison de ces molécules avec toutes celles listées plus haut et celles déjà présentes dans le corps humain peut-elle être un problème ?

Certains lanceurs d'alerte particulièrement inventifs ajoutent que le passage dans un micro-onde serait de nature à booster l'apparition d'un effet « cocktail »…

On rentre là, bien sûr dans le domaine des spéculations. Mais en tant que consommateur citoyen de base, je ne peux pas m'empêcher de garder un doute, une interrogation.

Je fais partie de cette génération qui a connu en 1986 les nuages toxiques de Tchernobyl s'arrêter très officiellement juste à la frontière française.

Je ne voudrais pas faire partie d'une génération qui a laissé ses enfants et petits-enfants s'empoisonner lentement mais surement dans une totale indifférence.

La santé, notre santé et celle de nos êtres chers, est une préoccupation essentielle de tous et l'emballage ne peut pas s'exonérer du doute général. Même si les substances sensibles y sont rares et en théorie sous contrôle.

Là encore, il appartient aux autorités sanitaires de diligenter les études nécessaires et de se prononcer clairement.

Mais au-delà des normes en vigueur, la question se pose de savoir comment les entreprises créatrices de produits et notamment les plus grandes d'entre elles peuvent contribuer activement à une meilleure connaissance des substances et de leurs effets en combinaison ?

Nous vivons dans un environnement mondial et les alertes des uns et les études des autres peuvent être d'une grande utilité. Le problème du BPA ou des huiles minérales n'est pas franco français.

J'ai personnellement travaillé sur le BPA plus de 10 ans avant que le nom ne soit si connu en France. Simplement parce qu'il était l'objet d'études au Canada….

D'où l'importance de l'apport des sociétés multinationales qui opèrent dans la plupart des pays et qui possèdent des moyens d'analyse puissants.

Sans céder au syndrome d'un principe de précaution systématique et castrateur, l'emballage pour ce qui le concerne et les produits de consommation d'une façon plus large ne peuvent pas être absents et attentistes à propos de ces questionnements légitimes sur la santé.

Je ne doute pas que l'avenir ne nous interpelle rapidement sur ces interrogations liées à la santé.

L'EMBALLAGE et la SECURITE PRODUIT

Différentes préoccupations peuvent être rangées sous la bannière de la sécurité produit :

- La bonne conservation du produit contenu
- La garantie de première utilisation
- L'utilisation interdite aux enfants
- La lutte contre la contrefaçon

Je ne reviendrai pas sur la conservation du produit contenu qui fait l'objet d'un long développement dans le chapitre sur les fonctionnalités de l'emballage.

Au-delà de la conservation, la principale préoccupation sécuritaire dans les produits de grande consommation alimentaire porte sur la garantie que le produit n'a pas été ouvert avant la première utilisation.

Dans les années 80 au Royaume uni mais aussi dans différents autres pays d'Europe, des individus ont pratiqué ce que l'on a appelé à l'époque le « terrorisme alimentaire ».

S'adressant à de grands groupes, ces maîtres chanteurs réclamaient des rançons afin de ne pas dénaturer les produits. Le point culminant de ces agissements a été des petits pots pour bébés dans lesquels des morceaux de verre pilé avaient été introduits. Plusieurs bébés ont été blessés avant que la société ne retire ses produits.

La solution technique pour les pots pour bébés fut l'utilisation du « pop-up » sonore de la capsule en métal lorsqu'on la dévisse. Procédé utilisé sur beaucoup de produits aujourd'hui. Ce bruit indique au consommateur que le produit n'a pas été ouvert tout au long de la chaîne d'approvisionnement entre le moment de sa production et son ouverture. S'il n'y a pas de bruit à l'ouverture la première fois, le produit est suspect.

Ce pop-up sonore est l'un des nombreux indicateurs d'effraction utilisés par les marques productrices afin de démontrer que leur produit n'a jamais été ouvert avant la première utilisation.

Si je prends la liste des 34 emballages de produits utilisés dans ma journée « ordinaire », 29 d'entre eux possédaient une garantie de première utilisation :

- <u>9 sous la forme d'un papier ou un carton qu'il a fallu déchirer </u>(paquet de céréales, savon, tablette de chocolat, colis internet,…)
- <u>5 sous la forme d'une enveloppe plastique qu'il a fallu déchirer ou couper</u> (papier toilette, coton à démaquiller, fromage râpé,…)
- <u>7 sous la forme d'un opercule soudé</u> qu'il a fallu déchirer ou perforer (yaourt, compote de fruits, capsule de café, shampoing,…)
- <u>6 sous la forme d'un morceau de plastique qu'il a fallu casser</u> (eau minérale, vin, huile, sel, …)
- <u>1 pop-up sonore</u> (bocal de cornichons)
- <u>1 pompe non amorcée</u> (lait démaquillage)

Parmi les 5 emballages n'ayant aucun indicateur d'effraction, j'avais bien évidemment les 4 produits achetés directement chez un détaillant de mon quartier.

Seul le produit pour laver les mains aurait pu être ouvert facilement avant que je ne le prenne sur un linéaire. 1 produit seulement sur 30 sans indicateur d'effraction. Un produit non alimentaire en l'occurrence.

C'est dire si ce système d'information « manuel », visuel ou sonore est maintenant quasi systématiquement utilisé pour garantir au consommateur que le produit qu'il a acheté n'a jamais été ouvert avant la première utilisation.

Est à dire que tout problème est désormais impossible ? Non bien sûr ! Chacun d'entre nous a pu voir dans une série télévisée ou lire dans un roman policier qu'un meurtrier met du poison dans du champagne ou du vin à l'aide d'une seringue très fine !

Les emballages ne sont pas des coffres forts mais le niveau de dissuasion actuel est très élevé surtout quand on le combine au fait que les magasins en libre-service sont maintenant tous sous surveillance électronique et que cela laisse peu de place à une manipulation sur le lieu de vente.

Le deuxième domaine où l'emballage amène une sécurité concerne les produits potentiellement dangereux pour une mauvaise utilisation par des enfants.

Tout un arsenal de fermetures dites « childproof » en anglais a été inventé pour éviter une ouverture intempestive.

Le principe est généralement d'obliger l'utilisateur à faire deux mouvements coordonnés en même temps au lieu d'un, par exemple appuyer + dévisser ou pincer + dévisser au lieu de simplement dévisser.

Ces capsules sont testées par de vrais enfants et elles sont homologuées lorsqu'il est démontré que la quasi majorité d'une classe d'âge donnée ne peut pas l'ouvrir.

Le troisième domaine très important où l'emballage amène une sécurité additionnelle concerne la contrefaçon de spiritueux.

Dans certains pays, des « contrefacteurs » n'ont pas hésité à récupérer des bouteilles de grandes marques connues de spiritueux afin de les remplir avec de l'alcool frelaté de très mauvaise qualité, de l'alcool parfois très dangereux pour la santé (méthanol).

Des capsules « non remplissables » ont ainsi été développées afin d'interdire un remplissage simple de la bouteille vide. Ces capsules permettent l'écoulement du contenu du flacon dans un seul sens et se « bloquent » lorsque l'on essaie de les remplir.

Obligeant l'éventuel contrefacteur à ôter la capsule d'origine (pas facile !) pour la remplacer par une nouvelle (différente de l'originale) ce qui renchérit de beaucoup l'opération de contrefaçon et ce qui permet de poursuivre en justice le contrefacteur lorsqu'il est identifié.

L'emballage participe ainsi à la sécurité active de la consommation des produits et ces trois domaines relèvent de la fonctionnalité « utilisation des produits » au sens large.

L'EMBALLAGE et L'ENVIRONNEMENT

Comme toute activité humaine, les industries de l'emballage ont des impacts sur l'environnement.

Depuis maintenant 25 ans une véritable prise de conscience a amené les différentes parties prenantes de ce domaine à agir ensemble, jamais seules car selon la phrase célèbre d'Al GORE :

« *Seul on va plus vite mais ensemble on va plus loin* »

Cinq aspects seront couverts dans ces chapitres dédiés à l'environnement :

- La prévention à la source
- L'écoconception
- Les déchets sauvages
- Le recyclage matière
- L'économie circulaire

Chacun décrit la situation de 2015 et les différentes dynamiques qui doivent permettre à l'emballage d'être encore plus « léger » à l'avenir en termes d'impacts. Sans oublier les éventuels points « durs ».

L'EMBALLAGE et la PREVENTION

Depuis deux décennies, la prévention à la source est à l'honneur.

Il faut que l'emballage en fasse toujours plus (ou au moins autant) avec moins.

Il y a même eu très récemment en France une « obligation » ou plutôt un objectif de réduction du poids des emballages ménagers de 100 000 T sur 5 ans, objectif qui a été atteint (106 000 T au final). Ce qui a représenté un gain de 2% du gisement.

La vraie difficulté est de bien définir cette prévention. De trouver les bons indicateurs qui vont la mesurer.

Tout sauf simple !!!

Si je reprends l'exemple de mon shampoing qui grâce à 1mm de moins en hauteur a pu faire augmenter le nombre de produits de 25% sur une palette, quel est le bon indicateur qui rend compte de ce gain en stockage et transport? Pas celui du poids.

Si je décide d'utiliser 70% de recyclé pour mon emballage en carton mais que cela m'impose d'augmenter l'épaisseur de mon carton de 10% pour garder les mêmes fonctionnalités, fais-je de la prévention « négative » ou vais-je dans le bon sens pour l'environnement? Le poids là encore ne nous apporte pas de bonne réponse.

Au moment où Ecoemballages a été créé en 1992, il est apparu nécessaire pour les parties prenantes de promouvoir de façon active la prévention à la source dans les emballages en partant du postulat qu'il y avait trop d'emballages... sans toutefois avoir jamais vraiment mesuré le phénomène !

Le CNE (Conseil National de l'Emballage) est né quelques années plus tard de cette volonté d'agir d'abord sur l'amont, dès la conception et de faire en sorte que les bonnes pratiques identifiées soient disséminées le plus largement possible. Ce que le CNE s'est efforcé de faire depuis en publiant pendant 15 ans le catalogue des bonnes pratiques avec des exemples concrets.

Il est nécessaire à ce stade de rappeler pour ceux qui ne la connaîtraient pas l'existence d'une réglementation européenne concernant les déchets d'emballages (packaging waste) qui impose depuis 20 ans à chaque concepteur de produit de le faire avec le minimum d'emballage.

A noter qu'au moment où il est de bon ton de fustiger le trop plein de directives européennes toutes plus liberticides les unes que les autres, il faut admettre que cette réglementation européenne est particulièrement pertinente et bien faite. Et largement anticipatrice.

Chaque pays a dû la mettre en œuvre mais il aura fallu que je travaille dans un groupe international pour la « vivre » de façon opérationnelle avec différents pays européens car, j'ai un peu honte de l'écrire, l'administration française l'a bien transcrite dans le droit français mais, à ma connaissance et j'espère me tromper, n'en a jamais assuré un contrôle effectif.

Que dit cette directive 94/62/EC ?

« Les états membres doivent vérifier que les emballages mis sur le marché respectent les exigences essentielles de l'annexe II :

- *<u>Limiter le poids et le volume au minimum</u> pour assurer le niveau requis de sécurité, d'hygiène et d'acceptabilité pour le consommateur*
- *Réduire au minimum la teneur en substances et matières dangereuses du matériau d'emballage et de ses éléments*
- *Concevoir un emballage réutilisable ou valorisable »*

Ainsi donc, pour prendre une image, nous devons par la loi rouler à 130 km/h maxi sur l'autoroute de l'emballage ….mais il n'y a pas de radar « emballage » en France pour vérifier cette vitesse.

On demande donc à l'emballage de réduire sa vitesse « par prévention » pour se rapprocher de cette limite !

En présupposant que la limite est violée.

Alors qu'il suffirait de contrôler quelques produits représentatifs comme le font très bien d'autres pays.

Et le pire (si j'ose dire) c'est que malgré tout, les concepteurs d'emballages sont arrivés à faire de la prévention !

Enfin, pour un résultat somme toute extrêmement modeste on l'a vu plus haut, 2% sur une période de 5 ans soit 0,4% par an.

Bilan honorable mais au final pas impressionnant du tout, les grandes entreprises mettant très souvent en budget un allégement de 1% chaque année….

Cette prévention « à la source » doit donc en Europe être intégrée dès la conception de chaque produit et pour y avoir travaillé pendant vingt ans, je peux témoigner que cela se fait ainsi.

Dans la grande majorité des cas, la conception se fait réellement « a minima » pour la bonne et simple raison que c'est très souvent ce qu'il y a de plus économique.

Nous retrouvons là une loi assez universelle dans l'industrie: moins c'est lourd et volumineux, moins c'est cher !!!

Comme M. Jourdain, les meilleurs spécialistes de la conception des produits et de leurs emballages faisaient souvent de la prévention avant la directive sans le savoir.

En fait, à bien y regarder, c'est une logique « industrielle » bien antérieure qui s'applique ici car de tout temps, l'homme a toujours souhaité (et réussi) à en faire plus avec moins et ceci dans tous les domaines.

Avant de revenir sur la mesure de la prévention, il faut aussi regarder en détail la situation des emballages en 2016.

Depuis le début du XXIème siècle, les grandes entreprises fabricantes de produits ont toutes mis en place des plans d'optimisation de leurs emballages et le fichier du CNE (catalogue des cas de prévention) jusqu'en 2012 et celui d'Ecoemballages qui a pris la relève aujourd'hui témoignent des réalisations effectives pour les entreprises qui ont bien voulu communiquer.

Je peux ajouter sans me tromper que la dernière crise financière mondiale n'a fait qu'accentuer cette pression pour trouver de nouvelles économies.

Le consommateur final que je suis a d'ailleurs pu constater que certains emballages ont même dépassé la « ligne jaune » et que l'esprit même de la loi (*pour assurer le niveau requis de sécurité, d'hygiène et d'acceptabilité pour le consommateur*) n'est plus respecté.

Chacun reconnaitra, qui une bouteille d'eau en PET trop mince pour ne pas renverser d'eau à l'ouverture, qui un opercule de compote impossible à enlever sans le déchirer….

Est-ce que toutes les entreprises sont bien allées au maximum des allègements ?

Non sans doute, mais le mouvement est bien lancé et les plus gros « poissons » ont déjà été pêchés.

Est-ce à dire que nous perdons notre temps à parler de prévention puisqu'elle est due « par la loi » et que les dernières années ont vu une véritable accélération avec beaucoup de réalisations ?

Pas tout à fait car ce qui est vrai au moment de **la conception d'un produit peu changer par le simple fait des progrès techniques et des innovations** axées sur l'optimisation.

Quand une société vend plusieurs milliards du même flacon dans un continent, il n'est pas rare que l'on demande à un ingénieur d'utiliser les dernières technologies afin d'optimiser régulièrement la conception de son flacon. Un demi-gramme de matière plastique gagné sur plusieurs milliards d'unités, voilà de la bonne prévention (pour autant que le coût de mise en œuvre ne soit pas supérieur au gain potentiel bien sûr).

La prévention doit donc s'analyser de façon dynamique et à ce titre elle peut encore avoir un sens.

L'analyse détaillée des 106 000t compilées par Ecoemballages montre d'ailleurs que la grande majorité des gains se rapportent à ce progrès continu. Ce qui n'était pas possible ou connu à la conception d'un produit l'est devenu quelques années plus tard.

Toutefois et malgré les espoirs que l'on peut mettre dans le progrès technologique, il est absolument certain que les futurs gains en allègement seront beaucoup plus faibles que ceux encaissés dans la dernière décennie.

Un autre élément m'a fortement interpellé : la collecte et le tri des emballages vides. Après échanges avec différents élus locaux en charge de communautés de communes, il apparait que le nombre d'unités et le volume sont les deux facteurs principaux de la constitution des coûts de la collecte et du tri. Le poids n'intervient pas et s'il devait être pris en compte, ce serait plutôt dans l'autre sens ! Plus un emballage est lourd plus il est facile à isoler et à recycler.

Quelques verbatim récoltés lors de mes réunions « *mais arrêtez d'alléger, c'est de plus en plus difficile à trier !* », « *au fil des années, j'en fais plus au niveau du tri et je récupère moins de tonnes à l'arrivée !* », « *j'appréhende l'arrivée de tous les emballages plastiques, les tout petits, souples et légers…* »

Il faut reconnaitre que dans ce domaine particulier de la fin de vie, la diminution moyenne du poids des emballages vides ne va pas dans le bon sens car pour un geste de tri donné, le poids moyen récupéré diminue.

Comment donc définir et mesurer cette prévention ?

Et surtout, est-ce vraiment utile dans la mesure où c'est une obligation ?

Le seul indicateur actuel qui mesure aujourd'hui les emballages est le poids. Et nous venons de voir plus haut certaines des limites de cette mesure.

Cet indicateur « poids » a toutefois le grand mérite d'être simple et d'être cohérent avec la mesure historique des déchets, des productions et des consommations de matières premières.

Deux études successives au niveau du CNE ont mis en avant un indicateur « volume ». Non pas le volume contenant/contenu qui aurait pourtant également du sens (avec l'idée d'éviter un emballage dit « voleur ») mais le volume du couple produit/emballage sur une palette.

Les grands groupes pratiquent depuis longtemps l'utilisation de logiciels sophistiqués afin d'optimiser la palettisation de leurs produits mais je doute que cela se fasse systématiquement chez la totalité des milliers d'adhérents d'Ecoemballages. Et pourtant, 25% de remplissage gagné, c'est 25% de mouvements de stocks en moins et 25% de camions en moins sur la route (lorsque le poids en charge le permet) !

L'indicateur « volume » serait assurément un bon complément à l'indicateur poids.

J'avais tenté lors d'une dernière étude sur le sujet de la prévention d'introduire l'indicateur « coût ». Partant du principe qu'un coût industriel est quelque part la résultante d'opérations industrielles (machines + main d'œuvre) qui s'ajoutent à des coûts de matières premières.

Moins il y a de matières premières et de valeur ajoutée en production, mieux c'est pour le coût de revient et très probablement mieux c'est pour l'environnement.

Cette idée n'a pas passé la rampe et pourtant je crois qu'elle a de l'avenir. Elle me semble résumer au mieux l'efficacité globale d'un emballage.

Les 5 premières fonctionnalités étant données, c'est la performance économique la meilleure qui donnera la plus grande efficacité globale. Reste à démontrer ensuite que l'efficacité économique rime avec l'efficacité environnementale. Ce que je ferai sans doute un jour.

Après avoir longuement travaillé et réfléchi sur cette prévention, j'en suis arrivé aux conclusions suivantes :

- **Un objectif poids au niveau national n'a plus de sens aujourd'hui** dans la mesure où la prévention poussée depuis près de 20 ans par Ecoemballages et le CNE a porté ses fruits et que cette prévention est une obligation réglementaire.
Il serait juste nécessaire que l'administration française diligente quelques contrôles de façon à objectiver le sujet et rassurer ceux qui doutent encore, voire sanctionne les délinquants s'il y en a.

- **Il faut « récompenser » d'une façon ou d'une autre ceux qui mettent en œuvre les progrès technologiques et qui sont pionniers dans l'optimisation de leurs emballages.**

On peut imaginer par exemple un jury d'experts qui tous les ans attribuerait un prix de la meilleure prévention, prix qui pourrait faire ensuite partie de la communication de la Marque. (Comme les vins ou fromages médaillés d'or).

Je suis bien évidemment à la disposition des pouvoirs publics et de l'ensemble de la chaîne de valeur des emballages pour mettre en œuvre ce concept

L'EMBALLAGE et L'ECOCONCEPTION

L'écoconception est une approche qui prend en compte les impacts environnementaux dans la conception et le développement du produit et intègre les aspects environnementaux tout au long de son cycle de vie (de la matière première à la fin de vie en passant par la fabrication, la logistique, la distribution et l'usage).

De très nombreux travaux et ouvrages sont disponibles sur ce thème très général qui concerne d'ailleurs toutes les activités. Je me contenterai de pointer ce qui me paraît essentiel pour l'emballage.

Quelques mots tout d'abord sur ce nom « éco » conception qui renvoie immédiatement à une conception « écologique » c'est-à-dire bonne et douce pour l'environnement.

Au risque de me répéter, je rappellerai que la réglementation évoquée dans le chapitre « Prévention » impose pour les emballages une création « a minima » avec des matières non dangereuses pour l'homme et l'environnement, en d'autres termes, une véritable démarche d'écoconception.

D'une façon générale dans le droit français, il n'est pas possible d'arguer du fait que l'on respecte la loi et donc partant de ce principe, il ne devrait pas être possible de parler d'écoconception pour les emballages puisqu'elle est imposée par la loi.

Ceci étant dit, je ne vais pas m'exonérer pour cela de traiter le sujet et je compte bien évidemment rentrer dans les détails d'une écoconception bien pensée puisque le CNE en a fait un des documents de base de sa réflexion sur l'environnement et que j'y ai participé activement.

Six points clés ont été identifiés grâce aux travaux du CNE.

Chacun étant illustré par un certain nombre de questions qui n'ont d'autre but que de faire réfléchir les concepteurs. Les questions en soi ne sont pas importantes, ni « gravées dans le marbre ». Elles sont beaucoup plus des illustrations, des prétextes, des exemples.

1. Intégrer dès le début l'ensemble des acteurs internes et externes concernés par le produit

Lancer un nouveau produit est coûteux et difficile pour une entreprise. C'est un véritable investissement qui n'est d'ailleurs pas toujours couronné de succès.

Lorsque le produit lancé marche bien, il devient alors difficile voire impossible de le modifier, même pour des considérations environnementales.

C'est pour cette raison qu'il faut intégrer dès le début l'écoconception car après c'est trop tard.

Spécialement quand un produit marche très bien car on ne sait pas toujours exactement pourquoi un produit « cartonne » et dans ce cas, il convient surtout de ne rien y changer.

De plus, l'écoconception ne peut pas être traitée par un service dédié à l'instar d'autres préoccupations d'entreprise comme la comptabilité ou le gardiennage.

Pour bien fonctionner, l'écoconception doit être une valeur partagée par tous en commençant par la Direction Générale de l'entreprise.

Il n'y a pas de véritable écoconception si celle-ci n'est pas sincère. Ce principe de sincérité est essentiel.

On ne doit pas, mais surtout on ne peut pas sur la durée « repeindre en vert » des produits non respectueux de l'environnement.

Au-delà des contrôles de conformité à la directive, les associations de défense des consommateurs et de l'environnement sont un garde-fou très efficace pour dépister les manquements éventuels.

Chaque entreprise trouvera ensuite l'indicateur interne propre à **objectiver cette sincérité,** souvent un mixte entre différents indicateurs élémentaires.

Je vais prendre l'exemple public depuis 8 ans de la « packaging scorecard » de Wal-Mart (premier commerçant mondial avec …. 485 milliards de dollars de chiffre d'affaire en 2014).

Wal-Mart agrège 9 indicateurs simples dans le but de comparer les emballages des produits des fournisseurs qu'ils distribuent : empreinte carbone, nature des matériaux, ratio produit/emballage, nombre de produits par palette, km parcourus par les emballages vides, contenu en matériau recyclé, recyclabilité, contenu en énergie renouvelable, caractère innovant.

Chaque indicateur pèse de 5 à 15% pour donner une note globale unique sur 100%.

Chaque choix d'indicateur individuel est bien sûr discutable (ainsi que sa pondération dans la note totale) mais au final il faut reconnaître que cet ensemble d'indicateurs reprend la plupart de ceux qui nous semblent pertinents.

Simple et efficace comme les américains savent faire.

Pour côtoyer régulièrement les patrons « packaging » des grandes marques françaises, je sais que beaucoup d'entre eux ont bâti leur propre système de mesure. Souvent moins sophistiqué que celui de Wal-Mart mais tout aussi efficace.

Chaque emballage de produit reçoit ainsi une note et **le principe de l'écoconception veut que chaque nouveau produit doit afficher une meilleure note « environnementale » que la moyenne des produits existants de la catégorie concernée.**

S'il doit y avoir une dérogation à cette règle de progrès, la Direction de la Marque voire de l'entreprise doit la signer.

Pour simplifier, deux cas de figure se présentent. Soit nous créons la nième référence d'une catégorie de produits existante, soit nous créons un véritable nouveau produit.

Pour le nième produit, il existe par définition des produits existants (soit dans l'entreprise, soit chez les concurrents) qui permettent de comparer les impacts et on doit admettre aisément que le dernier né soit éco conçu si ses impacts sont moindres que ceux qui l'on précédé.

Pour le nouveau produit, il n'y a par essence aucune vraie comparaison possible et donc l'aspect « éco » de la conception sera la résultante de la démarche demandée par la directive.

2. INTEGRER L'USAGE PAR LE CONSOMMATEUR

La dérive potentielle lors de toute création produit est d'oublier qu'à l'autre bout de la chaîne, il y a un consommateur qui va débourser de l'argent et qui va vivre avec le produit.

Le consommateur est un censeur impitoyable et pour ce qui concerne l'aspect écologique du produit, il n'y aura que quelques % d'écolos purs et durs qui seront prêts à diminuer la qualité du produit et particulièrement sa facilité d'usage pour être meilleurs pour l'environnement.

L'immense majorité des consommateurs sont d'accord pour acheter des produits meilleurs pour l'environnement si et seulement s'ils gardent les mêmes qualités d'usage, et le même prix voire un coût inférieur!

C'est par oubli de cette règle de base que nombre d'écorecharges ont été des échecs commerciaux.

Soit parce que l'écorecharge était vraiment difficile à utiliser, soit parce que le produit à recharger n'était pas conçu à l'origine pour cela, soit aussi parce que le gain économique n'était pas au rendez-vous…

Il est donc fondamental de garder le même niveau de service pour le consommateur.

3. RAISONNER SUR LE SYSTEME COMPLET D'EMBALLAGE AFIN D'EVITER TOUT TRANSFERT D'IMPACT

Beaucoup de critiques de l'emballage se focalisent sur ce que les citoyens gèrent c'est-à-dire les emballages primaires et secondaires. En oubliant les emballages tertiaires qui vont rester dans le magasin et qu'ils ne verront pas dans leur poubelle jaune.

Notamment les adeptes de la distribution dite « en vrac » !

Un exemple est sans doute nécessaire pour bien comprendre cette problématique.

Les tubes de dentifrice sont majoritairement dans le monde conditionnés dans un étui carton, étui que le client jettera lors de la première utilisation.

Cet étui est utile à plusieurs titres : d'abord il protège un tube qui historiquement était en aluminium donc très fragile. Même en laminé plastique+aluminium, le tube reste fragile et il est probable que s'il est sans étui, il ressortira de son séjour dans le caddie d'un magasin légèrement cabossé, voire troué.

Ensuite, il permet une production très automatisée, le parallélépipède de l'étui étant infiniment plus facilement mécanisable qu'un tube seul à la forme « gauche » complexe. Au total des coûts, il n'est pas certain que le produit avec étui ne soit pas plus économique.

Enfin ce l'étui de ce tube porte une grande partie de l'information produit.

Cela étant, certaines expériences ont été tentées de vendre un tube seul, sous la bannière d'une écoconception soit-disant bien pensée.

Mais pour éviter les cabossages de tubes avant que le client ne le mette dans son caddie, les tubes étaient rangés tête en bas dans un présentoir-casier en carton que le commerçant allait jeter après le dernier tube vendu.

Cet élément d'emballage plutôt conséquent doit bien sûr être ajouté au tube (au prorata du nombre de tubes) de façon à réaliser une véritable comparaison.

Et l'on découvre alors que le tube seul n'est pas aussi « vertueux » que prévu ! Ni aussi bon marché !

L'analyse d'un emballage doit donc se faire sur le système complet d'emballage, jusqu'à la palette.

4. OPTIMISER LE POIDS ET LE VOLUME D'EMBALLAGE POUR UNE VALEUR D'USAGE DEFINIE DU PRODUIT.

Pas de commentaire additionnel pour ce qui me concerne. C'est l'application pure et simple de la directive que chaque concepteur d'emballage doit connaître et utiliser.

5. OPTIMISER L'UTILISATION DES RESSOURCES NATURELLES LORS DE LA PRODUCTION DES EMBALLAGES.

Il y a plusieurs chemins qui mènent à Rome. Il y a également souvent plusieurs façons de réaliser un même emballage. Chaque technologie ayant ses pertes de matière associées et ses impacts propres sur l'environnement.

Là encore, pour illustrer, je vais prendre plusieurs exemples.

Les étuis pliants en cartons sont souvent imprimés à plat sur une feuille de carton d'un format standard pour les imprimeurs.

On pourra mettre sur cette feuille un nombre de « poses » (= étuis) variable qui dépendra de différents facteurs, le choix des pattes de rabat (alternées ou aéroplanes), l'impression par référence ou par amalgame de plusieurs références, l'impression retardée (sur chaine de remplissage) permettant d'imprimer le même étui de base….

Dans le même esprit, une co-extrusion permettra de réinjecter les pertes industrielles (recyclé industriel) dans un flacon plastique sans en détériorer les fonctionnalités.

Cette même co-extrusion pourra également incorporer du plastique recyclé « post-consommateur »

C'est dans cette partie de son travail que le concepteur de l'emballage mettra le mieux à profit son expertise pour optimiser sa conception, en liaison avec les remplisseurs et les fournisseurs amont.

6. PRENDRE EN COMPTE LA FIN DE VIE DES EMBALLAGES.

J'ai été très frappé il y a quelques années d'entendre un champion du monde de billard expliquer sa stratégie : chaque coup doit bien sûr rentrer une boule dans une poche, mais chaque coup doit également positionner la boule blanche de façon à rendre possible (et autant que faire se peut facile) le coup d'après.

Sauf à appliquer cette bonne pratique, le coup du moment sera sans doute gagnant mais celui d'après sera peut-être impossible à rentrer.

C'est le même esprit qui doit animer le concepteur du produit et de son emballage.

Penser à la fin de vie qui viendra inéluctablement terminer le cycle de vie du produit doit être une bonne pratique systématique.

L'emballage vide sera-t-il potentiellement réutilisable après nettoyage et désinfection ?

L'emballage vide sera-t-il facilement recyclable en l'état ?

Sera-t-il séparable facilement en autant de matériaux élémentaires ?

L'emballage est-il listé comme perturbateur du recyclage ? (Ecoemballage met à disposition de chacun un outil permettant d'évaluer ce point)

Au-delà de ces 6 points clés, il existe des études beaucoup plus poussées (beaucoup plus coûteuses aussi) que l'on appelle ACV **« Analyses de Cycles de Vie »,** (Life Cycle Analysis en anglais) qui permettent de mesurer beaucoup plus finement les impacts environnementaux d'une conception et qui permettent ensuite de comparer plusieurs conceptions.

Deux remarques sur ces ACV:

- Les impacts élémentaires (sur l'eau, l'air,....) sont de natures très diverses et il n'est pas possible de les comparer autrement que impact par impact.
Si lors d'une comparaison, tous les impacts diminuent pour une des conceptions, on pourra aisément conclure que cette conception soit une écoconception par rapport aux autres.
Si les impacts ne varient pas dans le même sens, il faudra alors sagement renoncer à « labéliser écoconception » une d'entre elles car on ne peut pas opposer les impacts, dire par exemple que l'eau est plus importante que l'air ou vice versa.

- Les ACV sont rarement nécessaires pour faire les choix d'emballages.
Suivre scrupuleusement les 6 points essentiels listés plus haut permet d'éco concevoir l'immense majorité des emballages à créer.
Les ACV seront parfois nécessaires lorsque les produits et les emballages associés sont très nouveaux, sans vraiment de comparaison facile sur le marché.

Elles sont aussi utiles pour valoriser telle ou telle tendance ou évolution sur le marché.

Par exemple quel est l'impact de l'utilisation de x% de matériau recyclé sur l'émission de CO2 de tel matériau ?

Les ACV sont enfin très utiles pour donner des ordres de grandeur lorsque l'on rentre plus précisément dans l'étude des impacts.

Je vais prendre un exemple vécu. Il y a maintenant près de quinze ans, j'ai réalisé pour mon Groupe la première ACV, l'idée à ce moment pour moi était d'essayer d'approcher la part de l'emballage dans le produit. Un shampoing en l'occurrence.

Dès le premier rendez-vous avec le spécialiste ACV que j'avais consulté, ce dernier m'a fait valoir que le shampoing nécessite de l'eau chaude pour bien mousser et pour laver puis rincer correctement le cuir chevelu. Pour l'impact CO2, il fallait donc prendre en compte l'énergie nécessaire pour chauffer l'eau et donc mesurer l'eau chaude utilisée et sa température.

Ainsi, il a fallu déterminer le grammage moyen de shampoing utilisé pour une tête ainsi que la quantité d'eau utilisée. Sans oublier les cheveux courts et les très longs....Mesures qui durèrent plusieurs mois dans nos salles d'essais.

Pour rester simple, je vais aller tout de suite à la conclusion : le principal facteur d'impact CO2 du lavage des cheveux s'est révélé être l'eau chaude. A hauteur de 80% !

Pour être honnête, j'avoue que nous avons refait les calculs plusieurs fois car cela nous a semblé étonnant !

Il a fallu la communication d'un de nos grands concurrents quelques mois plus tard pour nous rassurer complètement. Il avait trouvé 78%.

L'ACV en l'occurrence nous avait permis un dimensionnement rapide des impacts et notamment celui du CO2, l'eau chaude

80%, l'emballage et la production10% et les matières premières de la formule 10%.

Après, aller au 3ème chiffre après la virgule n'a pas de sens dans la mesure où les données sont toutes avec des tolérances assez fortes de l'ordre de plus ou moins 5 à 10%.

Une étude très instructive a été menée par INCPEN il y a quelques années sur l'impact CO2 du panier moyen de la ménagère pour une semaine.

Les résultats là encore étaient légèrement surprenants au premier abord.

La nourriture contenue impactait pour 51%, le deuxième facteur étant l'énergie consommée par les ménages pour leur congélateur, leur four, leur plaque de cuisson, leur micro-onde,… pour un total de 31%.

L'emballage avait été valorisé pour 10%.

Une étude similaire de l'ADEME en France a donné un chiffre de 8% pour l'emballage. 8 ou 10, l'ordre de grandeur reste le même.

Il démontre une fois encore que l'impact de l'emballage reste modeste par rapport au produit qu'il sert.

<u>Je sauve 100% d'une récolte en dépensant 10% en impact avec les emballages utilisés !!!</u> Cela démontre combien l'emballage peut apporter en matière de gaspillage alimentaire

J'y reviendrai dans le chapitre gaspillage.

EMBALLAGES et DECHETS SAUVAGES

Que cela soit en France ou plus généralement dans les pays développés, la propreté de l'espace public est un souci.

Cette situation est d'autant plus paradoxale que les déchetteries et les poubelles de rues se sont multipliées au fil des années. Les déchetteries et les ramassages des « encombrants » ont permis de quasiment éradiquer les dépôts de gros objets (matelas, électroménager, …) Les poubelles de rue permettent, elles, de se délester de tous les autres déchets de la vie courante. En théorie…

L'incivilité des citoyens est bien sûr plus ou moins élevée selon l'historique culturel de chaque pays, selon le nombre de touristes et aussi selon la répression que les pouvoirs publics organisent.

Il semblerait par exemple que Singapour soit particulièrement propre à cause du montant des amendes et du nombre de policiers pour les donner.

Toutes les zones de vie sont concernées, les routes, les campagnes, mais surtout les villes où la densité de population est la plus forte, sans oublier les zones touristiques qu'elles soient en ville, à la mer et à la montagne.

Quels sont donc en 2015 ces déchets sauvages que nos concitoyens rejettent dans le domaine public ? Surtout, pourquoi le font-ils ?

Intuitivement, les habitants des grandes villes listeront les déjections canines qui sont les plus détestables à croiser, les emballages de fast-food, les chewing-gums, les flyers de publicités glissés sur les parebrises des véhicules à l'arrêt, les mouchoirs en papier, les mégots de cigarettes, ces derniers étant en très forte augmentation depuis l'interdiction quasi générale de fumer dans des lieux de vie partagée fermés.

En fait, cela peut paraitre étonnant mais il y a très peu de données chiffrées sur ce domaine très particulier des déchets sauvages.

Chaque communauté fait de son mieux pour balayer et ramasser et tout cela termine dans les ordures ménagères et assimilées quand cela ne part pas à l'égout les jours de grande pluie.

Beaucoup d'acteurs économiques et d'ONG font également régulièrement le « ramassage » de déchets sauvages sur les plages où dans des endroits protégés.

Une étude récente au Royaume Uni a permis de décompter avec le plus grand détail ces déchets sauvages. L'ordre de grandeur des chiffres relevés montre le podium suivant :

- <u>Les mégots de cigarettes</u> sont sans surprise à la première place avec <u>environ 40 %</u> du nombre de déchets ramassés
- <u>Les chewing-gums</u> historiquement premiers comptent en 2013 pour <u>environ 30%</u>
- <u>Les emballages de toutes sortent apparaissent pour 20%</u>, deux sous catégories étant nettement identifiées, les petits emballages souples pour confiseries, barres et autres pour 10%, des emballages plus volumineux pour le reste, contenants pour boissons et fast-food notamment.

Les déjections canines si présentes dans nos esprits et si désagréables à nos pieds ne sont présentes en nombre qu'à hauteur de 1,3% ! Ce qui reste néanmoins élevé !

Cette analyse du nombre de déchets ramassés dans les zones étudiées donne un éclairage qualitatif mais il est probable qu'en poids, les emballages de fast-food et les contenants divers représentent bien plus que les 10% en unités ramassées.

L'étude anglaise met le doigt sur deux phénomènes importants :

- La très grande majorité du nombre de déchets sauvages (40+30+10=80%) est constituée de toutes petites choses peu volumineuses et légères en poids_(mégots, chewing-gums, emballages de confiserie,…) Il semblerait que le citoyen ne pense pas réellement polluer en jetant toutes ces choses dans l'espace public ! C'est si petit !!! La nature (toujours elle !) va s'en débrouiller !!!
Par ailleurs, l'état de ces déchets au moment où le consommateur les jette ne se prête pas facilement à un « transport » avec soi (des mégots encore chauds et charbonneux, des chewing-gums ou des petits emballages encore collants) ce qui bien sûr n'est en aucun cas une excuse.

- Les déchets se trouvent concentrés dans les caniveaux, près des poubelles, dans les endroits peu passants, sous les remonte-pentes, …et tout se passe comme si les déchets appelaient les déchets. Des déchets déjà présents sur la voie publique donneraient le signal d'en jeter d'autres. Ils seraient l'alibi du citoyen pour le dédouaner en partie de son geste. *Je fais « comme les autres »*

L'alibi du citoyen et aussi du touriste car il faut voir l'état des trottoirs parisiens dans les zones touristiques en fin de journée pour le croire !!!
D'où le concept de « zéro déchet » partant du principe qu'une zone particulièrement propre le restera plus longtemps…

Une sensibilisation forte et permanente de nos concitoyens et des touristes qui sont autant de citoyens temporaires est surement nécessaire pour améliorer la situation, la répression étant sans doute l'ultime moyen à mettre en œuvre.

<u>Une organisation comme « Vacances Propres » s'emploie avec talent et énergie depuis des décennies à promouvoir le bon geste</u>.

Il faudrait probablement démultiplier ce type d'action pour aller encore plus vite vers le zéro déchet.

Et les emballages dans tout cela ?

Destinés à emballer des produits de consommation courante et notamment les produits les plus « nomades », ceux qui seront consommés hors foyer, il n'est pas surprenant de constater que l'incivilité de nos concitoyens et des touristes les concernent également.

Là encore, il faut souligner que ces emballages vides sont jetés alors qu'un quadrillage presque systématique des poubelles de rue propose au consommateur de faire le geste juste…

Il y a même dans beaucoup d'endroits de vie hors foyer des poubelles grises qui sont dédoublées par des poubelles jaunes permettant de trier les emballages recyclables, les stations-service d'autoroute par exemple.

Au-delà d'un engagement commun auprès des pouvoirs publics pour participer à la sensibilisation des consommateurs et touristes, ceux qui produisent et vendent des biens « nomades », fast-food, petits contenants de boissons, confiserie, ….pourraient également rappeler dans leurs communications diverses aux consommateurs leur responsabilité dans ce domaine.

Heureusement, que l'on parle de mégots, de chewing-gums ou d'emballages vides, personne ne songe à blâmer les producteurs et les distributeurs de tous ces biens de consommation pour ces gestes inciviques.

La responsabilité des producteurs et distributeurs n'est en aucun cas engagée car les moyens de se défaire de façon appropriée des déchets existent.

Cela n'empêche d'ailleurs pas le citoyen schizophrène que nous sommes de jeter par la vitre de sa voiture un mégot ou un chewing-gum tout en pestant contre la saleté de sa ville….

L'enfer, c'est bien connu, c'est les autres.

L'EMBALLAGE et le RECYCLAGE

En France et en Europe, le recyclage matière des emballages vides est la principale solution adoptée depuis plus de vingt ans pour les emballages ménagers. Depuis plus longtemps en réalité pour les emballages verre qui ont été collectés en France dès 1974 c'est-à-dire il y a plus de 40 ans.

L'Ademe publie les chiffres suivants pour 2013:

- <u>67% de recyclage total en poids</u> des emballages ménagers
- <u>85% de recyclage pour le seul verre</u> qui représente une petite moitié du gisement
- <u>50% de recyclage pour les emballages dits « légers »</u> qui représentent l'autre moitié du gisement

Première enseignement : **le verre est collecté séparément et se recycle très bien.** Deux générations de consommateurs se sont accoutumées petit à petit à ce geste responsable vers la benne dédiée au verre.

Deuxième enseignement : **les emballages légers se recyclent moyennement bien** avec une grande différence pour les deux principaux flux, 67% pour le carton et 23% pour le plastique. Mais aussi avec un apprentissage moins long (naissance d'Ecoemballages en 1992) qui coure sur une seule génération. Sans oublier qu'aujourd'hui, en dehors des flacons plastiques, les autres plastiques sont encore majoritairement non collectés.

Les analyses d'Ecoemballages montrent par ailleurs une forte disparité entre certaines villes qui recyclent peu et certains territoires qui recyclent beaucoup. L'habitat vertical et son manque de place étant une difficulté technique propre aux centres des villes.

Quels sont les différents acteurs et où sont les freins pour atteindre de meilleurs taux ?

- Les producteurs et les distributeurs conçoivent et distribuent les produits
- Ecoemballages (et peut être demain d'autres) collecte la contribution « point vert » et finance les tonnes triées
- Environ un millier de collectivités territoriales opèrent sur le terrain (directement ou pas) afin de collecter puis trier les emballages vides
- Les opérateurs du recyclage transforment les « balles » de matière à recycler en nouvelle matière première.
- Le ministère de l'environnement (et l'Ademe) contrôle et donne tous les 6 ans un agrément à Ecoemballage et demain à d'autres.

Les bonnes pratiques d'écoconception demandent aux concepteurs de penser dès le début à la fin de vie de leurs emballages. De façon à en faciliter le recyclage.

Autant il est possible de comprendre qu'un nouveau produit utilise un nouvel emballage non recyclable (Il faut se rappeler que le PET lorsqu'il a remplacé le PVC n'avait pas de filière de recyclage), autant pour un produit existant utilisant déjà un emballage recyclable il est difficile voire impossible d'imaginer une substitution qui ne le serait pas.

Un exemple récent de mise sur le marché de PET opaque démontre qu'il y a encore à progresser dans ce domaine. Les différentes parties prenantes saisies du sujet vont très certainement le traiter après coup mais il serait souhaitable que de manière systématique, les producteurs échangent avec les recycleurs avant la première mise sur le marché afin de ne pas perturber durablement les filières existantes du recyclage.

Un financement du surcoût temporaire imposé à la collectivité par un matériau non immédiatement recyclable apparait alors parfaitement légitime. C'est la contrepartie naturelle de la liberté de choix accordée aux concepteurs de produits.

Les collectivités territoriales et les communes qu'elles représentent ont donc démarré le recyclage des emballages légers après 1992 et je me rappelle très bien la visite inaugurale du centre de Dunkerque qui était le premier du genre à fonctionner à une grande échelle.

Chaque collectivité peut s'organiser comme elle le souhaite et ce principe est vertueux car chacune s'adapte aux contraintes spécifiques de son territoire.

Mais le même principe fait qu'il y a aujourd'hui une grande diversité entre les façons de collecter, entre les instructions données aux citoyens, entre la taille et l'organisation des centres de tri.

Pour donner un exemple que je connais bien :

- Jusqu'à une date très récente (2014), il n'y avait pas de poubelle jaune dans mon immeuble à Paris (c'est un immeuble mixte « habitations + bureaux »)
- J'ai une poubelle jaune depuis de nombreuses années dans ma maison familiale située sur l'arc Atlantique
- Il n'y a que des points d'apport volontaire dans la petite commune où je passe une partie de l'été en Provence

Est-il besoin de préciser que les consignes de tri distribuées au citoyen que je suis ne couvrent pas exactement les mêmes emballages dans les 3 endroits ?

Par ailleurs, la fréquence des ramassages s'adapte normalement aux saisons dans les endroits touristiques mais pas encore suffisamment pour la petite commune provençale qui voit en été ses points d'apport volontaires régulièrement « débordants ».

De même pour ma maison de l'Atlantique qui n'offre pas assez de volume disponible pour ceux qui louent et qui doivent se défaire de leurs emballages vides le samedi matin en partant ou en fin de week end….jours où il n'y a pas de ramassage des poubelles jaunes.

Notre système de récupération des emballages vides souffre d'un manque certain d'information et d'organisation, en un mot de « professionnalisme ».

Il est écrit par Ecoemballages et rappelé par nombre de Politiques que le tri est le deuxième geste citoyen en France derrière le vote.

C'est parfait mais je souhaite insister sur le fait que les citoyens ont vraiment du mérite car ce n'est pas toujours facile.

Je rappelle ici ce que disaient il y a quelques années les consommateurs questionnés sur le tri des emballages :

- *Pourquoi mélanger des cartons avec du métal et des plastiques ?*
- *Pourrait-on avoir un mode d'emploi plus clair pour le tri ?*
- *Pourquoi des tris différents entre mon domicile principal et l'endroit où je passe mes vacances ?*

Ces trois questions restent malheureusement d'actualité.

Je vois quatre pistes d'amélioration qui devraient permettre d'améliorer les pourcentages de recyclage des emballages ménagers:

1. **MOBILISER ENCORE MIEUX les CITOYENS** sur leur responsabilité pour un recyclage performant. Ecoemballages et les Collectivités locales ont fait un superbe travail tant au niveau national (Monsieur Papillon) que local sans oublier l'éducation nationale et les ambassadeurs du tri. **Il est possible d'aller encore plus loin surtout si les consignes de tri sont enfin alignées au niveau national** en y intégrant tous les plastiques.

2. **INDUSTRIALISER & PROFESSIONNALISER** la collecte et le tri en alignant les modèles de collecte sur les plus performants et les installations de tri sur les plus efficaces. L'objectif étant de monter le recyclage en diminuant les coûts. De passer d'une ère un peu artisanale (que l'on peut comprendre lorsque 1 000 entités différentes se lancent dans un nouveau métier) à des modèles mieux organisés.

3. **FAVORISER L'APPORT VOLONTAIRE** de flux spécifiques (comme le verre) qu'il n'y aura pas à trier

ensuite. La collecte multi matériaux a permis de franchir une première étape et il faut sans doute la garder dans certains territoires. Mais pourquoi mélanger ce que l'on devra trier ensuite ? Par exemple, deux flux avec fibreux d'un côté (cartons et papiers) et non fibreux de l'autre (plastiques et métaux) en plus du verre permettraient sans doute de diminuer les rebuts. Certains pays comme le Japon où la surface utilisée par les familles est pourtant très faible (plus faible encore que le centre-ville de Paris) gèrent jusqu'à 7 flux différents ! Rien n'est donc impossible !

4. **INTERDIRE la MISE en DECHARGE d'EMBALLAGES VIDES**. Pour des questions de taxes et de coût, il est parfois encore plus économique aujourd'hui de ne rien faire d'autre qu'enfouir nos déchets et laisser les générations suivantes s'en occuper.....Ce qui me parait inacceptable quand on pense que les déchets d'emballages sont des ressources matières potentielles.

Force est de constater que les financements en très forte augmentation d'Ecoemballages n'ont pas permis de dépasser le palier des 67% depuis 3 ans. Le modèle actuel et les parties prenantes risquent de s'épuiser au risque de régresser.

L'argent est là comme ailleurs le nerf de la guerre mais pas uniquement. Une meilleure concertation entre l'amont (producteurs) et l'aval (recycleurs) ajouté à la mise en place de bonnes pratiques dans la collecte et le tri devraient permettre de « casser » le mur actuel pour monter aux niveaux souhaités.

Le recyclage des emballages ménagers ne doit pas faire oublier celui des emballages industriels et commerciaux qui est plus ancien et proportionnellement beaucoup plus performant.

Mon premier dossier d'investissement chez L'Oréal en 1974 a concerné une presse à balle … pour le foin, presse qui a été achetée afin de compacter les emballages en carton (plat et surtout ondulé) qui emballaient les flacons et autres capsules consommées dans notre usine. Ces balles furent alors revendues un bon prix alors qu'auparavant les cartons non compactés nous encombraient et partaient ensuite à la décharge.

Pour donner ce seul exemple, le papier-carton est aujourd'hui recyclé à un très haut niveau (plus de 90%) et cela depuis des décades.

L'EMBALLAGE et L'ECONOMIE CIRCULAIRE

Le concept d'Economie Circulaire vient maintenant s'ajouter et en quelque sorte prendre le relai du Développement Durable qui depuis 25 ans nous a permis de prendre un tournant décisif dans la protection de la planète et de ses habitants.

Comment l'emballage se situe-t-il dans cette Economie Circulaire ?

Sans aller trop vite en conclusion et surtout en autosatisfaction, le monde des emballages est plutôt bien orienté vers une véritable Economie Circulaire et s'il fallait résumer d'entrée la situation en quelques chiffres :

1. **les emballages quand ils ne sont pas réemployés sont recyclés « matière » en poids à plus de 67%** (67% pour les emballages ménagers et plus encore pour les emballages B2B)

2. **L'industrie de l'emballage est localisée à environ 85% au plus près de ses utilisateurs.**

Si cela ce n'est pas « circulaire », qui le sera ?

Le monde des emballages présente donc des points forts et des marges de progrès que je vais aborder en détail.

Concernant les ressources, qu'elles soient sous forme de matière première ou d'énergie consommée dans la production des emballages, le problème du prélèvement en matière d'origine fossiles est réel mais il faut aussitôt le relativiser par la part très modeste des emballages par rapport à d'autres consommations comme l'habitation et les transports.

Les matières plastiques sont aujourd'hui très majoritairement d'origine fossile. Trois chiffres fournis par l'organisation Plasticseurope:

1. La production de matières plastiques représentait ces dernières années environ 4% en poids de la consommation mondiale de pétrole.

2. Les emballages en plastique représentent environ 40% en poids du total des plastiques produits.

3. **La part de pétrole allouée aux emballages en plastique est donc de l'ordre de 1,6%**

Cette part des plastiques pour l'emballage dans le pétrole est donc très modeste mais comme j'ai pu le dire déjà pour les déchets, ce n'est pas parce le poids des emballages est faible en pourcentage qu'il ne faut rien faire.

Différentes sources de production alternatives pour des plastiques sont déjà industriellement opérationnelles.

Par exemple le PE produit à partir de déchets de canne à sucre au Brésil et le PET en Europe dont une partie vient du règne végétal.

Il faut noter que ces ressources renouvelables sont des déchets ce qui s'inscrit parfaitement dans l'esprit de l'Economie Circulaire

Rien n'interdit de penser qu'à l'avenir, une très grande partie des matières premières pour le plastique puisse venir de ressources renouvelables issues du règne végétal.

C'est souhaitable et tout à fait possible à condition bien sûr d'utiliser des déchets et de ne pas rentrer en concurrence avec l'alimentation humaine.

Il faut malheureusement constater que le prix actuel du pétrole aux alentours de 50$ le baril n'aide pas à l'émergence de ces nouvelles filières car le coût des plastiques vierges d'origine fossile a bien sûr suivi le pétrole à la baisse et retrouvé une compétitivité indéniable.

Plus le pétrole sera cher et plus il sera facile de justifier des investissements lourds dans les ressources alternatives.

Qui dit ressources renouvelables n'implique pas obligatoirement que ces ressources soient gérées de façon durable. C'est tout l'enjeu du travail mené par exemple par les filières bois-papier et cartons qui, à plus de 90%, gèrent aujourd'hui de façon durable les forêts à l'origine de la matière.

La forêt dans les pays développés est stable ou en légère augmentation (notamment en France) et chaque parcelle coupée est immédiatement replantée pour une prochaine utilisation 15 à 40 ans plus tard selon les espèces.

Des certifications indépendantes permettent de tracer et de valider la durabilité des emballages issus de ces filières. Par exemple le label FSC (Forest Stewardchip Council) pour n'en citer qu'un.

Le chiffre donné plus haut en introduction sur le recyclage montre que plus des deux tiers en poids de matière recyclée deviennent une ressource,_directement dans l'esprit là encore de l'économie circulaire.

Le verre travaille en boucle fermée, le papier-carton, les plastiques et les métaux sont dans des boucles plus ou moins larges, la matière recyclée allant parfois dans d'autres applications que l'emballage. Dans tous les cas, elle évite le recours à de la matière vierge.

L'industrie du recyclage des papiers-cartons, du verre et des métaux est solidement installée dans le paysage français et européen depuis plus de 50 ans.

Le recyclage des plastiques a démarré timidement il y a 20 ans après la naissance d'Ecoemballages et à l'instar des alternatives renouvelables pour les matières plastiques, on notera que le relatif faible coût du pétrole n'aide pas au développement rapide du recyclage généralisé des plastiques. Chaque baisse du prix des matières vierges d'origine fossile met cette industrie encore fragile en grande difficulté.

Enfin, il faut rappeler qu'un grand nombre d'emballages B2B sont réemployés, des flacons verre, des fûts en métal, des casiers en plastique ou en bois, des palettes en bois,…. Autant d'emballages « auto-circulaires » si je peux utiliser ce néologisme.

Je peux témoigner que dans le B2B, ce recours à l'emballage réemployable (ou retournable) est systématiquement envisagé dès que techniquement et économiquement cela fait du sens.

Le réemploi n'est donc pas le fruit d'une démarche dogmatique mais la résultante de conditions techniques et économiques qui le permettent.

Réutilisable, renouvelable, durable, recyclable, des adjectifs dont l'emballage peut se parer sans ambiguïté.

Reste à monter sans cesse les curseurs de façon impacter le moins possible sur l'environnement. C'est ce que l'ensemble des parties prenantes de la chaine de valeur de l'emballage s'emploie à faire.

Dans le cadre d'une législation européenne tout à fait incitative, les marges de progrès sont ainsi de plusieurs ordres :

A l'intérieur de la chaine de valeur de l'emballage, **l'écoconception de l'emballage des produits est à systématiser et la prévention doit être utilisée lorsque la technologie le permet.**

Au niveau national, l'augmentation des chiffres du recyclage matière est un vrai enjeu. Dans les grandes villes en priorité où la poubelle jaune a du mal à trouver sa place du fait du manque de place (habitat vertical). Et où les résultats en termes de kg par habitant sont beaucoup moins bons que dans le reste du pays.

Au niveau des matériaux, les matières plastiques doivent travailler leur amont où des ressources renouvelables sont possibles.

Elles doivent également travailler leur aval de façon à augmenter leur recyclage matière au travers de centres de tri et de filières dédiées.

La valorisation énergétique ne doit pas être oubliée même si elle s'inscrit en dernière position dans les solutions recommandées.

L'objectif d'un « zéro mise en décharge » d'emballages vides devrait être une priorité nationale.

Recycler au maximum la matière puis valoriser énergétiquement le reste. Soit directement en brulant les ordures ménagères, soit sous forme de combustibles solides de récupération (CSR)

Tous ces points sont développés en détail dans le chapitre dédié au recyclage.

Au total, ce chemin vers une économie circulaire ne peut pas être l'affaire de tel ou tel acteur.

C'est l'affaire de tous et le succès viendra d'une coopération entre les acteurs de la chaine de valeur de l'emballage, les opérateurs du recyclage des déchets, les pouvoirs publics et les consommateurs-citoyens.

Le geste de tri des emballages vides est aujourd'hui inscrit dans les mentalités de chacun et il est le deuxième geste citoyen après le vote. Il peut et doit encore s'améliorer.

La localisation des productions avec recyclage matière est un dernier aspect important de l'économie circulaire.

Comment boucler la boucle quand l'extraction des matières premières se situe au bout du monde ? Beaucoup d'industries sont parties dans les pays à faible coût du travail durant les 50 dernières années.

La mondialisation !

Une tendance au rapatriement, le « MADE IN FRANCE » est souvent évoquée comme nécessaire pour revivifier le tissu industriel français et en conséquence l'emploi. Elle reste pour l'instant encore très marginale.

Pour ce qui concerne l'emballage, ce retour est déjà fait pour la simple et bonne raison que les emballages ne sont jamais partis !

Les emballages vides voyagent mal, très mal.

Parce que le coût de leur transport peut s'avérer rapidement beaucoup plus élevé que leur coût intrinsèque. Parce qu'une qualité moyenne peut s'avérer désastreuse pour les rendements du remplissage. Parce qu'un retard de livraison peut être très pénalisant pour la production des produits.

Il suffit pour s'en convaincre de prendre par exemple une carte de la France et de regarder l'implantation des principales verreries. Cognac, Reims, Chalon sur Saône… la vingtaine d'usine de verres creux est très bien répartie sur le territoire au plus proche … des vignobles gros utilisateurs. Quel hasard !

De la même façon, on retrouve les quelques 60 usines de fabrications de carton ondulé sur l'ensemble de l'hexagone, carton ondulé lui-même gros consommateur de recyclé…

Que cela soit pour l'approvisionnement en emballages de l'industrie française ou l'utilisation de matière recyclée, les chiffres de la localisation sont au-delà de 85%.

J'inclus bien sûr dans ce chiffre les régions européennes très proches de nos frontières comme la Belgique, l'Allemagne auprès de Strasbourg et l'Italie du Nord.

L'industrie de l'emballage est déjà fortement localisée comme doit l'être toute économie qui se veut circulaire.

LES METIERS DE L'EMBALLAGE

J'aurais finalement tenu une grande partie de ce livre avant d'utiliser le mot « **packaging** » !

Ce qui est un comble lorsque l'on a été comme moi Directeur International du Packaging de mon Groupe !

Ce titre avait été délibérément choisi du fait de la dimension internationale du Groupe (dont le premier pays en termes de chiffre d'affaires est les Etats-Unis)…

Mais après tout, Emballage en Français ou Packaging en anglais, c'est la même chose non ?

En anglais oui mais en français pas vraiment ! La preuve ?

J'ai reçu très souvent à Paris des sollicitations de designers français souhaitant proposer à mon Groupe leurs talents en termes de création de packaging….Le « packaging » pour beaucoup d'entre eux s'adressant exclusivement à l'apparence, au graphisme, aux couleurs, parfois à la forme. A l'expression de la Marque dans ce qu'elle a de plus visible par le consommateur.

Si l'emballage est un corps autour du produit, le « packaging » dans cette acception « design » française en représente la peau.

Dans le reste du monde, c'est plus simple puisque l'anglais utilise le mot packaging pour tout ce qui touche l'emballage, de près ou de loin.

De la même façon, un « designer » en anglais décrira un concepteur, qu'il soit graphique, technique ou même concepteur du produit dans son ensemble. Les écoles de design dans le monde anglo-saxon enseignent d'ailleurs très souvent l'ensemble graphique + formes + technique alors que le modèle français est assez sectorisé, la partie apparence, communication, expression de la Marque pour les designers, la partie ergonomie et technique pour les ingénieurs.

Cette précision étant faite sur le sens des mots, je peux maintenant décrire plus facilement quelques métiers de l'emballage en France.

Le **designer** formé dans des écoles de design va donc prendre en charge la partie « expression de la Marque ». Il s'intéressera à tout ce qui concerne la communication graphique, les packagings et leurs décors, les publicités sur le lieu de vente, les logos, les codes et les couleurs de la Marque.

Cette partie expression de la Marque est une des 6 fonctionnalités de l'emballage et il ne faut surtout pas la sous-estimer.

De façon imagée, j'explique toujours aux étudiants ou aux débutants dans ce métier de l'emballage que cette partie « design » est la partie émergente de l'iceberg emballage. Celle que l'acheteur-consommateur voit chaque fois qu'il achète puis qu'il utilise le produit. 10% de visible par rapport à 90% dont il n'a même aucune idée.

Les designers utilisent différents outils regroupés sous le vocable générique de PAO (Publication Assistée par Ordinateur).

J'ai vu à la télévision très récemment un reportage qui démontrait comment un « changement complet d'emballage » faisait mieux vendre le produit. Le designer expliquait qu'il avait convaincu la Marque de revoir son logo, certaines de ses couleurs et la façon de décrire le produit (un fromage blanc en l'occurrence).

L'emballage dans toute sa partie technique hors décor restait strictement identique. La Marque expliquait avoir gagné des parts de marché en changeant ainsi son « packaging », en fait en le « relookant ». Le terme « changement complet d'emballage » pour ce simple relooking était bien évidemment dans ce cas un abus de langage. La partie émergeante de l'iceberg dans toute sa splendeur.

Cette partie « expression de la Marque » est malgré tout également très technique car passer d'un dessin et/ou d'une PAO à un vrai décor sur des matériaux impose de connaitre parfaitement toutes les techniques d'impression, de l'offset à la flexogravure en passant par la sérigraphie sans oublier les dernières techniques liées au numérique.

Il faut aussi bien connaitre la capabilité des différents matériaux qui vont recevoir couleurs et décors.

Enfin, les meilleurs et les plus expérimentés des designers iront plus loin et j'en connais pour lesquels les formes, l'ergonomie et même les grandes technologies n'ont plus de secret.

Typiquement les formes de flacons de parfums en verre sont le fruit des créations de quelques designers spécialisés voire parfois d'artistes ou d'architectes.

De façon pratique, pour traiter tous ces sujets relatifs à l'apparence, une Marque aura souvent un **<u>expert décors</u>** capable de faire la liaison entre les designers par définition sans contraintes et les fabricants de l'emballage par définition conservateurs et soucieux de bien faire ce qu'ils font depuis toujours…

Cet expert décors (de formation ingénieur, chimiste ou généraliste), est essentiel dans la maitrise des coûts car des techniques différentes et des quantités d'encres variables pourront être mises en œuvre pour un même rendu visuel.

Il est aussi essentiel dans la constance de la qualité visuelle du produit au fil du temps et dans la multiplication des lieux de production dans les pays où le produit est vendu.

Le maillon suivant est celui qui va concevoir techniquement le produit et son emballage associé: **l'ingénieur packaging** pour garder une terminologie internationale.

Sa responsabilité est multiple et variée car il doit :

- Intégrer dès le début l'utilisation du produit par le consommateur : ergonomie, confort,…
- Respecter les législations en vigueur
- Prendre en compte l'exacte esthétique souhaitée pour le produit
- Assurer la qualité du produit définie par la Marque et notamment la bonne conservation du contenu et le rendu visuel tout au long de la vie du produit
- Intégrer les contraintes de production des différentes parties de l'emballage
- Intégrer les contraintes du process d'élaboration du produit contenu

- Intégrer les contraintes physiques que le produit subira tout au long de la chaine d'approvisionnement
- Intégrer les contraintes liées à la fin de vie des emballages vides et d'une façon plus globale les bonnes pratiques en matière de respect de l'environnement
- Participer à la performance économique de l'entreprise au travers du prix de revient du produit et de son emballage

A lire cette énumération, chacun pourrait être étonné du nombre de contraintes et donc de l'extrême difficulté du travail. En mathématiques, un nombre trop élevé de contraintes rend la solution d'un problème impossible.

Dans l'emballage, il en va un peu de même.

A un besoin donné, l'ingénieur de conception proposera différentes solutions, chacune répondant pour tout ou partie de chaque contrainte individuelle.

La création d'un produit et de son emballage associé relève donc du compromis, d'une négociation constante entre faisabilité technique, rendu visuel et performance économique.

Les ingénieurs et techniciens packaging utilisent des outils plus ou moins sophistiqués regroupés sous le vocable générique de CAO (Conception Assistée par Ordinateur).

Sauf exception rarissime, les plans réalisés à la main il y a encore 20/25 ans sont maintenant tous réalisés par CAO. Les premiers logiciels de CAO datant d'environ 40 ans.

Une fois la conception validée dans son principe, l'ingénieur de conception travaille comme un chef d'orchestre qui anime différents services d'appui spécialisés complémentaires.

Par exemple, la bonne conservation du contenu, la compatibilité contenant-contenu est souvent l'apanage d'un service dédié avec un ingénieur chimiste responsable capable de dialoguer avec les concepteurs du produit contenu ainsi qu'avec les autorités sanitaires en termes de traces et de microbiologie.

Le plus souvent, ces ingénieurs sont formés à l'intérieur des grandes entreprises fabricantes de produits et d'emballages. Leur formation initiale venant soit d'une grande école généraliste, soit d'une école d'ingénieur spécialisée dans l'emballage.

Une mention particulière doit être faite sur le langage utilisé dans l'emballage pour sa partie technique. **Les échanges se font en grande majorité sur des dessins et des plans**, voire sur des rendus réalistes en 3D.

Des prototypes en volume sont parfois utilisés quand c'est nécessaire, notamment pour les formes « gauches » non développables. Y compris depuis une dizaine d'années des prototypes réalisés avec des imprimantes 3D.

L'immense majorité des plans sont réalisés en CAO et le rôle du **bureau d'étude** est clé car les plans numérisés et les spécifications attachées servent ensuite à toute la chaine technique, fournisseurs de machines, fournisseurs de moules, emballagistes, producteurs du produit, distributeurs du produit.

Lors de la mise au point d'un nouveau produit au Japon, j'ai dialogué sans problème avec un ingénieur japonais sur la seule base de croquis et de plans cotés. Nous n'avions pas de langage commun mais cela n'a pas nui à une bonne compréhension de l'emballage en cours de développement. Les Japonais roulent à gauche mais utilisent les millimètres !

Les dessins sont donc parfaitement internationaux. Pareil pour le millimètre qui est l'unité de référence mondiale, même s'il faut de temps en temps accepter les « inch » de nos amis britanniques ou américains.

Une anecdote au passage concernant les mesures anglo-saxonnes. J'ai été amené à beaucoup travailler sur les rouges à lèvres, tant pour les produire que pour en concevoir l'emballage. Historiquement, le diamètre standard international du bâton (ou raisin) de rouge à lèvres était (et est encore) de 12,7mm et je me suis longtemps demandé pourquoi ce chiffre, pourquoi pas 12,5 ou 13 ? Personne parmi les « anciens » du métier en France n'étant capable de me répondre.

Jusqu'au jour où visitant des fournisseurs américains d'emboutissage de métal dans le Connecticut, j'appris que ce diamètre ne devait rien au hasard. 12,7 mm, c'est 0.5 inch !! Mais oui, c'est bien sûr…

Un demi-inch est la dimension interne des douilles métal des munitions massivement utilisées par l'armée américaine avant et pendant la deuxième guerre mondiale. Les premières cupules métal de rouge à lèvres fabriquées en grande quantité après 1945 l'ont été à partir des machines construites au départ pour l'armement et devenues disponibles….

Il y a de multiples métiers et experts dans l'industrie de l'emballage et je n'en ferai pas l'inventaire. Le dernier profil que je souhaite décrire est celui des **créatifs**.

Créatifs de quoi d'ailleurs ?

En effet nous avons vu que l'emballage n'existe que pour servir un produit. **Le créatif sera donc quelqu'un capable d'imaginer avant tout un produit**, de bien comprendre comment ce produit va être consommé et donc par conséquence d'en déduire l'emballage qui va le mieux avec.

L'expérience d'un créatif packaging doit donc embrasser les domaines des designers et des ingénieurs, voire ceux du marketing.

Ses compétences doivent s'étendre des études consommateurs aux dépôts de brevets en passant par une sensibilité artistique et une parfaite connaissance des technologies des emballages.

Ce créatif doit être curieux, opiniâtre, soucieux du détail, capable de rebondir sur les idées des autres, optimiste (très optimiste) qualités habituelles pour un chercheur.

Mais **cet ingénieur créatif doit aussi être manuel et bricoleur.**

Je ne résiste pas au plaisir de citer au passage un formidable texte sur la main de Paul Valery (encore lui !) dans son « Discours aux chirurgiens » :

« Je me suis étonné parfois qu'il n'existât pas un « Traité de la main», une étude approfondie des virtualités innombrables de cette machine prodigieuse qui assemble la sensibilité la plus nuancée aux forces les plus déliées (……)
Comment trouver une formule pour cet appareil qui tour à tour frappe et bénit, reçoit et donne, alimente, prête serment, bat la mesure, lit chez l'aveugle, parle pour le muet, se tend vers l'ami, se dresse contre l'adversaire, et qui se fait marteau, tenaille, alphabet?... Que sais-je?
Ce désordre presque lyrique suffit. Successivement instrumentale, symbolique, oratoire, calculatrice, — agent

universel, ne pourrait-on la qualifier *l'organe du possible, —* comme elle est, d'autre part, *l'organe de la certitude positive*? »

Paul Valery aurait pu ajouter que la main découvre et s'approprie les produits et leurs emballages.

Ce formidable instrument qu'est la main est celui qui va prendre, découvrir puis utiliser le produit et donc son emballage. L'emballage et la main vont ensemble et ne pas avoir cette sensibilité physique est un handicap pour une bonne compréhension de la vie du produit.

Et donc pour en créer de nouveaux.

Cette sensibilité « manuelle » ne devant pas faire oublier un véritable goût artistique car au final le résultat doit aussi être beau.

Les CV d'ingénieurs que nous recevons en abondance en entreprise présentent très souvent des jeunes « grands sportifs » et autres animateurs de « clubs » dans leur école. Ce type de profil n'a jamais été un objectif pour moi dans cette discipline particulièrement difficile qu'est l'innovation dans l'emballage.

J'ai plutôt le souvenir d'embauches réussies avec des ingénieurs passionnés de sculpture, de travail du bois, de peinture, de confection d'habits de poupées sans oublier un très grand spécialiste des serrures....

Les mains et l'emballage sont absolument indissociables.

Le dernier point concernant la création d'une équipe d'innovation en emballage est sa nécessaire **diversité**. Diversité de styles, diversité de méthodes de travail, diversité d'écoles de formation, diversité de cultures personnelles, parité hommes-femmes, jeunes et moins jeunes, diversité de nationalités…

Une équipe diversifiée sera plus à même de remettre en cause, de faire différemment, de bousculer les choses établies, réflexes qui sont fondamentaux pour l'innovation.

Une équipe d'innovation « emballages » diversifiée est l'antidote à l'immobilisme, à la pensée unique.

L'EMBALLAGE et le LUXE

J'ai évoqué très longuement les gros bataillons des emballages, les productions de masse, la grande distribution, l'industrie agroalimentaire, les emballages industriels et commerciaux....

Il m'est impossible de ne pas évoquer les emballages des produits de luxe même si en poids et en unités ils représentent « l'épaisseur du trait » selon la formule consacrée.

Comme tous les autres types de produits, les produits de luxe obéissent au même besoin d'être emballés.

La conception des emballages des produits de luxe s'appuie exactement sur les mêmes règles que pour les autres: conserver, protéger et transporter, informer, exprimer les valeurs de la Marque, aider à l'utilisation, être performant au niveau économique.

La Marque est bien sûr au premier rang des préoccupations de l'emballage. La haute qualité du produit contenu (bague, montre, parfum, stylo, maroquinerie, spiritueux,...) impose une qualité parfaite et surtout une intégration totale des codes de la Marque, logo, nom, matériaux, couleurs, toucher, ...

Un produit de luxe, c'est très souvent un cadeau. Que l'on fait à quelqu'un de très cher. Ou que l'on se fait à soi-même. Dans les deux cas, le plaisir est attendu et ce plaisir commence dès que le produit emballé sort du sac qui l'amène.

La vue et l'ouverture de l'emballage font partie intégrante du rituel du luxe. L'expérience doit être valorisante, mystérieuse, originale, unique. Elle doit participer complètement au plaisir de la découverte du produit.

Les premiers IPhone d'Apple étaient conditionnés dans un coffret rectangulaire en carton épais. La coiffe également en carton compact s'ajustait dessus avec une très grande précision (ce qui techniquement n'est pas du tout facile) et la légende dit que Steve Jobs lui-même avait demandé au concepteur de l'emballage que le coffret contenant le IPhone « descende » de cette coiffe par gravité en 7 secondes chrono, ni plus, ni moins.

L'ajustement entre coffret et coiffe était d'une fluidité étonnante, originale, unique. Ce n'était plus un simple coffret d'emballage. C'était un écrin de haute qualité pour le plus luxueux et le plus sophistiqué des téléphones portables de ce moment.

Le premier attribut que l'on reconnait habituellement aux emballages de luxe est l'esthétique. J'ai déjà expliqué l'importance de l'esthétique dans les emballages primaires et secondaires en général mais il est clair que dans le cas du luxe, c'est encore plus vital.

Cette esthétique découle aussi de l'utilisation de matériaux « nobles » et de décorations souvent dépouillées et classiques, parfois artistiques et avant-gardiste. L'innovation n'est jamais très loin.

Le deuxième attribut est le toucher. Soyeux et chaud pour les papiers, textiles et rubans de l'extérieur, froid et lourd dans la main pour l'emballage primaire afin de bien montrer le caractère précieux et riche du contenu.

Il est possible aujourd'hui de réaliser une maquette tout à fait réaliste d'un lingot d'or en matière plastique. L'œil peut se tromper. Dès que la main entre en jeu, le froid du métal est aux antipodes du chaud du plastique, quel qu'il soit.

J'ai eu maintes fois la question du pourquoi de l'effet froid. La température de l'intérieur de la main est assez proche de 30°C. Le produit que l'on prend en mains est généralement à température ambiante, disons 21°C. La différence de 9 degrés est largement supérieure au seuil de détection de la peau qui est de l'ordre de quelques degrés.

Pour le métal, les calories de la main sont immédiatement évacuées dans la masse du métal et le froid apparait donc « permanent » à l'échelle des plusieurs secondes que dure la prise en mains du produit.

Les matières plastiques sont des très bons isolants thermiques et les calories de la main restent sur place. Très vite, l'impression de chaleur se substitue au froid de la première fraction de seconde. D'où l'effet chaud du plastique.

Le verre évacue plutôt bien les calories et présente donc un effet froid important très reconnaissable assez proche du métal.

Un autre élément important de la prise en mains est le poids. Consciemment ou non, l'impression de poids dans la main renvoie au métal et donc au luxe, le léger étant l'apanage de « l'ordinaire », du « jetable ».

Les emballages de rouge à lèvres qu'ils soient vendus en grande distribution ou dans les magasins de luxe ont des dimensions extérieures assez proches du fait de la standardisation déjà évoquée du diamètre du « raisin ».

La différence entre l'emballage d'un produit de consommation courante et celui d'une marque de luxe sera notamment le poids. 20 grammes pour l'un, 25/30 g jusqu'à 35 g pour l'autre. Une consommatrice les yeux fermés repère très facilement un écart de 5 g dans le creux de sa main.

Il n'est d'ailleurs pas rare de trouver (caché) dans l'emballage de rouge à lèvres d'une marque de luxe un lest en métal afin d'augmenter le poids du produit et ainsi souligner son appartenance au monde du luxe.

J'ai même connu des produits classés « premium » dans la grande consommation utiliser cet artifice.

Esthétique, toucher et poids sans oublier les nom, logo et couleurs de la Marque, la recette de l'emballage de luxe apparait au final assez simple.

Au-delà de leur utilité intrinsèque pour les produits qu'ils servent et malgré leur part assez faible en poids de matériaux, unités et même en valeur dans l'univers global de l'emballage, les emballages de luxe ont un rôle supplémentaire et essentiel à jouer.

Les emballages de luxe sont en général fabriqués en petites ou moyennes quantités. On ne parle plus de milliards d'unités par an mais de dizaines de milliers voire parfois plus dans le cas de succès mondiaux.

Sans parler d'œuvre d'art proprement dit, nous ne sommes plus dans l'industriel pur et dur et les matériaux et les processus de transformation et de décoration relèvent ainsi plutôt d'un mi-chemin entre artisanat et produits de série.

Ces emballages perpétuent une tradition parfois séculaire et certaines marques du luxe ont été amenées à soutenir des métiers en cours de disparition, que cela soit dans le textile qui habille des coffrets, dans la fabrication de rubans, dans le moulage de petites pièces en alliages de métaux, dans la décoration sur verre...

La verrerie pour les produits de luxe a trouvé de son côté son salut dans l'extrême concentration des lieux de production.

Les professionnels de la « Glass Valley » (organisée autour de la vallée de la Bresle entre Normandie et Picardie) estiment qu'1 flacon de verre sur 2 destinés aux parfums de luxe dans le monde vient de leur région. 50% de part de marché mondial ! Le savoir-faire des verriers, des moulistes et des décorateurs de cette petite région française est ainsi universellement reconnu.

Par leur côté unique et précieux, les emballages du luxe sont en quelque sorte la locomotive technique et esthétique de tout un métier, l'endroit où l'innovation est attendue et permise, la référence « inaccessible ».

L'extrême sophistication des objets en général et du luxe en particulier se trouve depuis des décennies au Japon. Il en va de même de leurs emballages de luxe qui sont très qualitatifs.

Combien de fois ai-je reçu sur mon bureau des produits japonais après une visite de nos directions générales et marketing dans ce pays : *Je veux la même douceur de fonctionnement de cette pompe, le même grain de dépolissage du verre, le même soyeux de l'étui pliant en carton, le même pliage original de la notice, la même couleur opalescente du flacon*....Tout cela bien sûr au même prix de revient que d'habitude…. Un sport bien connu par les concepteurs d'emballages de luxe en France !

Qu'ils viennent du Japon, de France ou d'ailleurs, les emballages de luxe représentent l'excellence et l'innovation.

Ils inspirent l'ensemble du métier de l'emballage comme les créateurs de mode inspirent les fabricants de nos habits de tous les jours.

Les emballages du luxe tirent l'ensemble du métier de l'emballage vers le haut.

L'EMBALLAGE « CONNECTE »

De nos jours, ne pas être « connecté » est une faute, une insulte au modernisme galopant, la marque infamante d'une vieille économie…

Qu'entend-on exactement par « connecté » ? L'emballage est-il connecté ?

Porteur de l'information produit, de l'information du producteur, du vendeur, du destinataire,….l'emballage a toujours vécu avec son temps pour transmettre de l'information.

Dans le sens du produit vers le consommateur.

Transmettre de l'information, grâce à des formes, à des couleurs, à des logos, à des gravures et autres embossages, à des tampons, à des étiquettes ….

Mais pendant très longtemps, le plus gros de l'information produit a été véhiculé par le circuit de distribution lui-même, du producteur au grossiste, du grossiste au détaillant, du détaillant au consommateur final. L'emballage intervenait en mode mineur.

La nécessité d'information s'est faite plus pressante au fur et à mesure que les produits sont devenus pré-emballés. Il y a peu d'information sur le papier d'emballage d'une tranche de jambon coupée par votre boucher. Tout au plus son logo ou son nom. Il y en a beaucoup sur la même tranche pré-emballée.

Avec l'essor du commerce moderne, l'information a accompagné le produit et sous la pression des progrès et des réglementations, elle s'est faite de plus en plus précise et abondante.

L'emballage a alors très vite embarqué un **code barre** qui identifie de manière biunivoque les biens de consommation courante. Né au milieu des années 1970 le code barre a ainsi permis de fantastiques progrès en matière de commerce et de logistique.

S'inspirant de la technologie des machines à photocopier, les **systèmes à jets d'encre** à grande vitesse sont venus préciser l'heure, la date et le lieu de production, donnant ainsi au produit un acte de naissance précis ainsi qu'une durée de vie.

Sont ainsi arrivées dans nos vies de tous les jours les DLC (Date Limite de Consommation) et DLUO (Date Limite d'Utilisation Optimale). Indications pas toujours très évidentes à bien comprendre pour le consommateur

La technologie évoluant toujours plus vite, les **codes QR** sont apparus au Japon au tournant du 21ème siècle et sont maintenant sur certains emballages.

Ces codes QR sont en fait des codes barre à deux dimensions. Ils comportent donc infiniment plus d'informations et ils sont également capables de connecter l'acheteur/consommateur à un site internet disposant de plus encore d'informations via son « smart phone » avec un simple clic.

Tout cela fonctionne parfaitement mais ne peut-on pas aller plus loin avec un emballage qui tout en donnant toujours les informations vers le consommateur pourra également en recevoir en retour??

C'est tout à fait possible grâce à des **puces RFID** (Radio Frequency IDentification) appelées aussi tags RFID.

Ces tags sont présents par exemple sur des emballages remplissables comme les bouteilles de gaz en métal à usage médical.

Certaines puces RFID sont aussi maintenant apposées sous la peau d'animaux domestiques pour mémoriser leur parcours de santé et il y a fort à parier que cela sera rapidement utilisé sur l'homme.

Au-delà de toutes les informations que peut donner un code QR, le tag RFID peut enregistrer tout l'historique de l'emballage et donc du produit contenu depuis son origine. Il peut aussi enregistrer le parcours logistique du produit. La puce RFID fonctionnant alors comme un code QR à géométrie variable qui s'enrichit au fur et à mesure de la vie du produit, donne des infos et en reçoit.

Le coût relativement encore élevé de ces puces RFID en interdit de facto aujourd'hui l'utilisation sur des produits à usage unique mais il est tout à fait imaginable que ces mêmes tags produits en masse à un coût très faible puissent voir le jour sur les produits de grande consommation.

Certains très grands groupes de distribution ont déjà imaginé un caddie plein passant sous un portique en sortie de magasin avec une facture établie en automatique grâce à autant de tags RFID sur chacun des produits. C'est encore au stade de projets mais c'est dans le domaine du possible. Un simple tag imprimé sur une étiquette par exemple.

D'un seul bossage sur une amphore indiquant le nom et l'origine du fournisseur d'huile d'olive de l'antiquité, nous sommes aujourd'hui au code QR dans la plupart des pays développés.

L'emballage se nourrit ainsi de la technologie du moment pour donner au consommateur le maximum d'informations.

En cela, **l'emballage est définitivement connecté.**

La seule limite est avant tout économique car l'emballage pourrait faire plus avec la RFID ou avec d'autres procédés plus spécifiques utilisés pour démasquer les contrefaçons.

Je me suis déjà interdit de faire de longs développements sur la contrefaçon car donner des exemples précis donne du grain à moudre aux potentiels contrefacteurs.

Mais je souhaite rappeler ici que virtuellement, chaque produit peut être tracé de façon unitaire jusqu'à l'acheteur final. C'est une question d'organisation et de coût.

Un plat cuisiné ou une crème de beauté sont la somme de plusieurs dizaines d'ingrédients très difficiles à isoler et à identifier avec précision lorsque le mélange est fait. A l'inverse, les emballages qui les contiennent sont constitués de matériaux simples beaucoup plus faciles à reconnaitre et à authentifier.

Le terme « connecté » est parfois utilisé également pour indiquer qu'un produit et/ou son emballage comporte un dispositif électronique beaucoup plus sophistiqué qu'un simple tag RFID.

A l'instar des dispositifs inclus dans certaines cartes postales pour faire de la musique, un emballage peut comporter le moyen de faire de la musique, de la lumière, de la chaleur, une vibration, de la vidéo….

Les possibilités techniques sont infinies et la limite est aujourd'hui (comme hier et de tout temps d'ailleurs) purement économique.

La « plastronique » combine maintenant les matières plastiques et l'électronique pour faire des objets plus petits et plus performants. Cela parait encore loin des emballages à cause de leur coût mais il y a fort à parier que cette technologie d'avenir sera un jour utilisée dans nos métiers, notamment pour les emballages réutilisables.

Nous rentrons ainsi dans le domaine des emballages intelligents, des emballages intelligents connectés.

Il y a plusieurs décades que le monde industriel parle régulièrement d'emballages intelligents (smart packaging en anglais).

L'emballage intelligent se distingue des autres par la valeur ajoutée nouvelle qu'il apporte au produit et au consommateur qui l'utilise.

Un très bon exemple dans les années 80 a été la capsule asséchante pour comprimés effervescents permettant de stocker dans un seul tube 10 comprimés au lieu de les emballer individuellement ou de les mettre sous blister individuel. Une utilisation beaucoup plus facile pour une conservation identique.

L'emballage intelligent innove en apportant toujours plus aux six fonctionnalités de bases. Il peut aussi apporter au consommateur des informations ou des services additionnels.

Une capsule ou un flacon en plastique change de couleur en fonction de la température afin d'indiquer l'obtention de la bonne température du bain.

Une capsule ou un flacon en plastique sont parfumés de la senteur du produit contenu à l'intérieur.

Une capsule métal émet un son (pop-up) lorsqu'on ouvre le produit pour la première fois afin de rassurer le consommateur sur l'inviolabilité de ce qu'il a acheté.

Un écran vidéo sur la capsule d'un pot de soins explique comment appliquer la crème et booster son effet par un massage approprié. Le message pouvant être changé à distance par la Marque.

L'impression sur un étui carton ou sur une étiquette permet de savoir qui a fabriqué l'emballage et ainsi prouver qu'il y a ou non contrefaçon.

L'emballage intelligent illustre très concrètement le foisonnement incessant de l'innovation autour des produits et de leurs emballages.

Le cas des valves « coupe flux » déjà évoqué illustre parfaitement le processus de l'emballage intelligent dans le temps.

Le principe d'utiliser un tel dispositif est connu depuis plus de 30 ans, date des premiers brevets. Le peu d'emballages dotés de ces valves étaient alors appelés « emballages intelligents » à ce moment.

L'évolution des technologies liées aux moulages des matières plastiques et des élastomères associée à une augmentation des quantités ont permis de diminuer très fortement le coût et ainsi de démocratiser cette valve.

L'emballage intelligent d'aujourd'hui préfigure l'emballage du futur. L'emballage intelligent connecté, c'est pour demain !

L'EMBALLAGE et LES MATERIAUX de DEMAIN

Je ne reviendrai sur les matériaux d'hier et d'aujourd'hui que pour mettre en avant et répéter un fait simple et avéré :

Les emballages ont de tout temps utilisé les matériaux et les technologies disponibles du moment, de leur époque.

Des matériaux disponibles et performants, « bon marché » et pratiques vis-à-vis du produit à contenir.

Les fonctionnalités attendues sont aussi vieilles que les emballages eux-mêmes. Conserver, protéger, transporter, informer, aider à l'usage et être performant au niveau économique.

La seule fonctionnalité vraiment nouvelle depuis 50 ans est l'expression de la Marque qui n'est devenue absolument essentielle que lorsque les produits se sont retrouvés seuls sur les étagères face aux acheteurs potentiels. L'emballage dans le commerce moderne est d'ailleurs parfois appelé le « vendeur muet »…

Les peaux d'animaux au tout début, les amphores en terre cuite, les tonneaux en bois au moment de l'antiquité….

Je ne ferai pas ici l'historique des matériaux utilisés par ceux qui nous ont précédés.

Quels sont les principaux matériaux d'aujourd'hui ?

Le bois est le plus ancien matériau encore utilisé massivement, pour les emballages de transport principalement, les palettes et les caisses notamment.

Le verre, découvert plusieurs millénaires avant notre ère, s'est « démocratisé » dans l'emballage au dix-huitième siècle. Il a été jusqu'après la deuxième guerre mondiale le matériau de référence pour tous les liquides et il l'est encore pour nombre d'entre eux.

Le papier-carton est lui aussi largement utilisé depuis la Renaissance. La première machine continue pour la production de papier en grande quantité date de 1798.

Le carton ondulé principal acteur de l'emballage de transport a été inventé au milieu du 19ème siècle aux USA, la première onduleuse française datant de 1914.

Le fer blanc importé de Grande Bretagne par Colbert en 1665 a permis de conserver les denrées depuis deux siècles, la première appertisation datant de 1810.

L'aluminium inventé il y a 150 ans en France par la société Pechiney s'est petit à petit introduit dans l'emballage grâce à sa légèreté et à ses qualités barrières.

Les matières plastiques sont, comparées aux autres matériaux, des matériaux très jeunes, encore en grande évolution.

Elles sont apparues seulement il y a 50 ans dans les emballages, tout d'abord avec le Polyéthylène dont le premier brevet date de 1935 et le premier flacon soufflé industriel de 1970.

En chiffres très approximatifs, les 12,2 millions de tonnes d'emballages utilisés en France en 2016 se répartissent ainsi :

- Papier-carton = 4,8 millions de T
- Verre   = 2,7 millions de T
- Bois   = 2,1 millions de T
- Plastiques   = 2 millions de T
- Métaux   = 0,6 million de T

Tous ces matériaux sont en compétition dans tous les types d'emballages (primaires, secondaires et tertiaires) et chaque concepteur-utilisateur les utilise en fonction de leurs qualités intrinsèques et de leur coût.

Est-ce que tous ces matériaux seront encore là dans 10/15 ans ?

Dans 10/15 ans, il y a fort à parier que les emballages seront créés de la même façon qu'aujourd'hui :

1. Des biens physiques de consommation seront à emballer
2. Des emballages et leurs matériaux seront choisis pour leurs fonctionnalités y inclus leur coût
3. Le tout dans le cadre de réglementations tant nationales qu'internationales

Quel est ou quels sont les critères supplémentaires au-delà des fonctionnalités qui influeront sur le choix des matériaux ?

Les réglementations sur l'environnement sont déjà nombreuses et plutôt efficaces même si de temps à autre les critiques pleuvent sur le trop d'emballage.

La part somme toute très modeste de l'emballage vis-à-vis d'autres activités industrielles et commerciales fait que, sur le fond, je ne vois pas de contraintes supplémentaires à venir de ce côté.

Il y aura bien sûr des améliorations à apporter sur le recyclage des matériaux, tant en qualité qu'en quantité mais au total, ce sera dans la prolongation de ce qui se fait aujourd'hui.

Une véritable démarche de Développement Durable anime maintenant les entreprises et leurs Marques et la transition vers l'Economie Circulaire ne devrait pas changer grand-chose pour les emballages.

La santé est et restera une préoccupation majeure de nos concitoyens et gare aux emballages qui la laisseront de côté. Nous avons vu en détail dans le chapitre dédié la situation d'aujourd'hui et les questionnements de certains lanceurs d'alerte.

Je reste néanmoins méfiant concernant les emballages car je garde le souvenir amusé d'un évènement qui s'est déroulé aux Etats Unis au début des années 90.

La Californie dans le cadre du « Clean Air Act » voté en 1970 au niveau fédéral, s'est dotée d'un arsenal particulièrement fourni de façon à diminuer drastiquement la pollution atmosphérique et notamment le smog de la région de Los Angeles.

J'avais lu à l'époque le détail de l'analyse des précurseurs d'ozone troposphérique existants listés par impact décroissant en Californie: la circulation automobile en premier, la production d'énergie ensuite, les boulangeries industrielles en troisième,…

L'industrie cosmétique apparaissait en treizième et quasi dernière position avec un impact très inférieur à 1% venant de l'alcool des parfums, des gaz des aérosols et de divers solvants.

Quelle fut alors la première réglementation mise en œuvre ?

L'interdiction d'utiliser des solvants volatils dans les vernis à ongles !!! Probablement responsable de moins de 0,1% du problème !

Il suffit de relire La Fontaine dans « Les animaux malades de la peste » pour comprendre la logique éternelle de ce type de situation :

« Selon que vous serez puissant ou misérable, Les jugements de cour vous rendrons blanc ou noir »

L'emballage en tant que métier est infiniment plus « misérable » que beaucoup d'autres activités et rien n'interdit de craindre… des réglementations nouvelles sur l'emballage à cause de la santé !

Sur le fond, les emballages sont actuellement infiniment plus neutres pour l'environnement et la santé que beaucoup d'autres produits qui tuent et empoisonnent les populations mais chacun comprendra que l'on pardonne peu à l'emballage et que tout écart sera irrémédiablement sanctionné.

Il est maintenant avéré que la capacité de notre planète à fournir à l'infini des ressources non renouvelables n'est pas possible. Et qu'un matériau utilisant tout ou partie de ressources non renouvelables sera d'une façon ou d'une autre handicapé à l'avenir.

Surtout quand dans le même temps le nombre d'habitants augmente inexorablement...

L'utilisation de ressources renouvelables n'est actuellement pas une quelconque obligation ni même un critère réel de choix pour les concepteurs.

Je pense que les politiques RSE (Responsabilité Sociale d'Entreprise) des Marques vont s'impliquer de plus en plus dans cette direction.

Ce critère « renouvelabilité des matériaux » sera à mon avis déterminant dans l'avenir.

Le papier-carton et le bois issus de forêts correctement gérées sont des matériaux renouvelables et de ce point de vue, ils doivent être considérés comme des matériaux d'avenir, notamment pour les emballages de transport.

A la condition bien sûr que cette gestion de la ressource reste réelle et certifiée ce qui est déjà le cas pour une très grande majorité des papiers-cartons en Europe.

Le verre et les métaux sont sur ce critère relativement handicapés car malgré une recyclabilité théorique infinie, une partie non renouvelable sera toujours nécessaire.

<u>Le verre</u> en montant encore son niveau de recyclage et de réutilisation de recyclé <u>sera très certainement encore présent dans 10/15 ans.</u> Dans des produits comme les vins et spiritueux et les parfums.

Les matières plastiques sont un cas très intéressant car ils sont aujourd'hui presque exclusivement issus du pétrole. Pétrole non renouvelable et dont la consommation est à l'origine d'une partie de l'effet de serre tant décrié par la COP 21 et ses devancières.

Il est tout à fait possible de faire du plastique à partir de déchets végétaux, de « biomasse ». Déchets qui transformés en éthanol peuvent donner ensuite du PE et du PET.

Cette technologie a passé avec succès le stade de l'industrialisation tant au Brésil qu'en Europe et le déploiement à plus grande échelle ne dépend que de deux facteurs : la volonté « politique » des parties prenantes et bien sûr le prix du baril de pétrole !

De façon tout à fait analogue à l'industrialisation du recyclage des matières plastiques qui est mise en difficulté lorsque le prix du baril est bas, les investissements pour une production de plastique à partir de végétaux ne seront engagés massivement qu'avec un prix du pétrole élevé….Ce qui à court terme semble un peu compromis…

Le plastique a pour lui nombre de qualités (formes complexes, résistance, transparence/ légèreté/ barrière/ flexibilité/ soudabilité/contact alimentaire/…)

Les matériaux plastiques seront parmi les matériaux d'avenir quand ils seront produits majoritairement à partir de ressources renouvelables.

Un point d'attention se situe au niveau de l'éventuelle compétition des produits issus de l'agriculture entre la nourriture des habitants et les autres besoins (dont les emballages), mais des emballages fabriqués à partir de déchets de l'agriculture seront, de ce point de vue, parfaitement acceptables.

Par ailleurs, il n'est d'ailleurs pas interdit de penser que des matériaux plastiques qui n'existent pas encore voient le jour. Le PE a maintenant 50 ans, le PET 25 ans seulement....

Des arbres et des végétaux qui poussent absorbent du CO_2 (gaz carbonique). Le papier-carton et les plastiques issus de la biomasse présentent un bilan carbone très flatteur puisque le développement des arbres et des végétaux compense en grande partie le CO_2 produit.

Le papier-carton et les plastiques issus de la biomasse devraient être les deux piliers des emballages des produits de grande consommation à l'horizon 10/15 ans.

L'EMBALLAGE et le E-COMMERCE

Le E-Commerce se développe très rapidement en France comme partout dans les pays développés. Avec des croissances à 2 chiffres chaque année.

L'internaute « de base » commence très souvent à apprivoiser cette nouvelle forme de distribution avec des titres de transport (trains, avions,…) et des billets pour activités culturelles (théâtres, musées,…).

Tout naturellement, l'achat de produits « physiques » suit.

Même des produits qui en théorie doivent être essayés avant l'achat sont maintenant vendus sur le net (habits, chaussures,…)

Oublions donc toutes les transactions qui n'ont pas d'autre contrepartie qu'un papier à imprimer et qui ne sont pas concernés par un emballage.

Pour le reste des achats, un colis arrive chez l'acheteur consommateur.

Cet acheteur-consommateur attend que les produits contenus soit conformes à la qualité achetée, la qualité qu'il trouverait dans une boutique traditionnelle.

Il faut donc qu'il soit bien protégé pendant son parcours logistique.

La première particularité à noter est que le consommateur reçoit un produit dans un emballage de transport, type d'emballage qui dans le commerce traditionnel reste dans l'arrière-boutique et n'est jamais vu par le client.

Cet emballage dit tertiaire devient donc un déchet ménager puisqu'il va terminer dans la poubelle d'un ménage.

A ce titre, le fournisseur doit également payer le « point vert » correspondant à l'emballage de transport de façon à s'acquitter de sa responsabilité de mise sur le marché du produit. C'est l'application du principe de REP (Responsabilité Elargie du Producteur).

La deuxième particularité est très spécifique à ce circuit : l'emballage qui a amené le produit risque de devoir le retourner à l'expéditeur en cas de retour. C'est vrai pour tout achat mais chacun imagine assez bien que pour des chaussures par exemple, ce pourcentage de retour n'est pas faible.

L'emballage doit donc être configuré pour que cela soit compréhensible et facile pour le consommateur. Certaines sociétés sont déjà très performantes dans la conception d'un tel emballage. Une étiquette pré-imprimée par l'expéditeur dans le colis permettant d'identifier sans problème le colis qui va être retourné.

J'ai reçu dernièrement un nouveau décodeur avec un emballage particulièrement sophistiqué muni de prédécoupes astucieuses permettant de caler l'ancien décodeur à renvoyer. C'est vrai que dans ce cas, le retour est systématique.

Tous les emballages ne prévoient pas cette disposition retour et j'ai pu aussi expérimenter combien c'est difficile de faire un colis quand l'emballage n'a pas été prévu pour et qu'il a été déchiré à l'ouverture. Il vaut mieux avoir un rouleau de ruban adhésif bien garni…et beaucoup de patience. Ce qui ne donne pas forcément envie de faire un nouvel achat sur le site en cause.

La troisième particularité est que beaucoup de petites sociétés opérant sur internet utilisent des emballages pas vraiment adaptés à leur besoin.

Des emballages standards qu'ils trouvent chez des vendeurs d'emballages vides. Faute d'imagination ou de quantités suffisantes pour développer leurs propres emballages.

Cette situation conduit l'entreprise à utiliser des emballages par définition plus grands que ce qu'ils ont à emballer et dont le volume inutilisé doit être compensé par toutes sortes de moyens (chips en plastiques, copeaux de bois, papier froissé, papier déchiré,…)

Il y a quelques années, j'ai acheté sur le net 6 litres de jus de fruits biologiques conditionnés dans des flacons de verre dans un carton d'un volume extérieur de 36 litres ! Bonjour le ratio !

Avec pour caler mon achat une quantité impressionnante de chips en plastique électrostatiques à souhait. Un cauchemar au déballage mais surtout une hérésie au niveau impact sur l'environnement.

Résultat, après trois achats sur le net, j'ai trouvé une boutique « bio » à 800 m de chez moi qui vend le même produit. Un achat beaucoup moins pratique mais plus « responsable ».

<u>Dans une optique de Développement Durable</u>, deux voies sont possibles et souhaitables pour accompagner le développement de ce nouveau mode de consommation : <u>l'écoconception de l'emballage et l'écoconception du produit</u>.

L'écoconception de l'emballage consiste très simplement à appliquer la réglementation et donc à minimiser le poids et le volume d'emballage tout en garantissant la bonne qualité du produit à la réception.

Cela passe notamment par la conception d'un emballage adapté au besoin et non pas l'utilisation d'emballages standards.

Il existe par exemple des machines qui customisent la hauteur d'un colis en fonction du volume qu'il a à contenir. D'autres procédés encore plus sophistiqués permettent de tendre vers l'emballage « minimum ». Le carton extérieur étant quasiment « enroulé » autour du produit.

Là encore, des très petites entreprises auront du mal à concevoir leur propre emballage faute de quantités suffisantes mais des solutions alternatives peuvent être trouvées si elles se donnent la peine de chercher.

L'écoconception du produit lui-même et donc de son emballage est probablement la solution d'avenir.

Aujourd'hui, le produit vendu sur internet se retrouve en général à l'identique dans les circuits traditionnels.

Ne peut-on pas imaginer demain que le produit vendu sur internet soit légèrement différent ? Pas complètement différent bien sûr mais adapté à ce nouveau circuit.

Il y a quelques années, certains produits de luxe vendus en duty-free dans les avions avaient un emballage spécifique de façon à se faire légers et peu volumineux. Le produit contenu était strictement le même que celui vendu en boutique mais l'emballage « secondaire » était différent.

Par ailleurs, l'achat en e-commerce fait que la description détaillée du produit parvient « virtuellement » chez l'acheteur-consommateur bien avant l'arrivée du produit. La totalité de ce qui est habituellement imprimé sur l'étiquette est donc disponible de façon « déportée » et accessible à tout moment au consommateur.

L'utilité de le remettre également sur le produit se pose.

Aujourd'hui, la réglementation impose des règles d'étiquetage strictes mais n'y aura-t-il pas une évolution à venir de cette réglementation pour ce type de circuit ? Notamment pour des produits que l'on ne trouverait pas dans le commerce traditionnel ?

Je pense que ce même questionnement dans seulement 5 ans fera sourire car la montée des volumes vendus sur le net pourra très certainement amener certains sites à adapter rapidement leur produit à leur circuit de distribution particulier.

Le produit « internet » pourrait être conçu de façon à optimiser l'ensemble constitué par l'emballage habituel et l'emballage de transport. Avec je pense des marges de progrès importantes en terme d'impact sur l'environnement.

L'EMBALLAGE et le NOMADISME

Est-il besoin de détailler l'envolée du « nomadisme » tant il fait partie intégrante de notre vie aujourd'hui?

Consommation hors foyer le midi pour beaucoup de travailleurs, déplacements professionnels, balades et sport dans le temps libre, congés payés, touristes français, touristes étrangers, ….

Il se mange en France 1 milliard de sandwichs chaque année <u>en dehors</u> des restaurants, cafés, fast-food,… Chaque sandwich étant souvent accompagné d'une boisson individuelle.

Ce nomadisme des habitants tant français qu'étrangers sur notre sol à une double conséquence.

La première conséquence du nomadisme concerne la conception des produits. Les produits alimentaires et les boissons se sont adaptés à ce besoin. A côté des tailles « familiales » habituelles sont apparues des tailles plus petites.

Par exemple, autant consommer chez soi une bouteille d'eau d'1,5 litre est facile, autant cela devient un problème en dehors. D'où la démultiplication de tailles individuelles calibrées pour un repas: 0,25/0,33/0,50 litre.

Bien sûr, l'utilisation d'un emballage jetable n'est jamais une fatalité et il est tout à fait possible d'emmener sa propre gourde et de la remplir autant que nécessaire. C'est juste moins pratique. C'est également moins flexible car chacun peut avoir envie au dernier moment de boire autre chose que son eau habituelle…

La multiplication de distributeurs automatiques dans les lieux de grand nomadisme n'est évidemment pas un hasard. Transports, terrains de sport, lieux touristiques,….

Les Marques ont accompagné le nomadisme jusqu'à en faire un axe important de leur stratégie. Le patron emblématique de Coco Cola, Robert Woodruff disait ainsi que son produit devait être partout « *à portée de désir* », disponible quel que soit l'endroit du monde où était son consommateur.

Le ratio poids d'emballage divisé par poids de produit contenu est moins favorable pour ces petites tailles et donc le coût et l'impact sur l'environnement est proportionnellement plus élevé. Mais c'est le prix à payer pour un indéniable service.

Il faut noter que ce nomadisme va dans le même sens que la diminution de la taille des familles puisque je le rappelle ici la France compte de plus en plus de familles d'une seule personne.

La deuxième conséquence est la difficulté de la gestion de la fin de vie des emballages des produits consommés hors foyer et hors des lieux organisés pour cela.

Dans le meilleur des cas, le consommateur va trouver près de lui une poubelle jaune ou son équivalent afin de continuer à trier comme il le fait (ou il devrait le faire) chez lui.

Les stations-service sont souvent équipées ainsi que beaucoup d'endroits de forte concentration touristique ou lors de grands évènements drainant beaucoup de monde.

Ensuite, nous avons tous les cas de figure. Il n'y a qu'une seule poubelle et le consommateur met tout dedans.

Il n'y a pas de poubelle (randonnées, bateau,...) et le consommateur (si c'est un citoyen respectueux) ramène ses déchets avec lui pour s'en défaire dans des poubelles avec ou sans tri.

Dans le pire des cas, les déchets sont juste abandonnés dans la rue ou dans la nature et nous sommes alors confrontés au difficile problème des déchets sauvages qui fait l'objet d'un chapitre particulier. Le nomadisme à ce prix ? Ce n'est bien sûr pas acceptable!

L'EMBALLAGE et le GASPILLAGE

La chasse au gaspillage est très à la mode. Le mot « mode » n'étant d'ailleurs pas le bon terme car la chasse au gaspillage ne sortira plus je pense des préoccupations de notre planète tant les ressources sont limitées et les habitants toujours plus nombreux.

La chasse au gaspillage s'impose donc plutôt comme un ensemble de bonnes pratiques que nos sociétés doivent absolument mettre en œuvre.

Mais de quel gaspillage parle-t-on ?

Le **gaspillage** est généralement défini comme l'utilisation non rationnelle d'une ressource, ou d'une utilisation à mauvais escient.

Mais qui va juger de cette rationalité ? De ce mauvais escient ?

Le consommateur ? Les pouvoirs publics ?

Et surtout, gaspille-t-on de la même manière dans les pays développés comme la France et dans les pays en voie de développement ?

J'ai eu l'occasion de présenter dans différents colloques une courbe très intéressante réalisée à partir de chiffres officiels 2011de l'OCDE (Organisation de Coopération et de Développement Economique).

En abscisses le PIB de différents grands pays, développés ou non, en ordonnées le poids d'ordures ménagères générées par habitant de ces mêmes pays.

Une droite (dite de régression en langage mathématique) se dessine vraiment très clairement : plus le PIB est élevé, plus les habitants génèrent des ordures. Moins le PIB est élevé, moins il y a d'ordures.

Les chiffres sont bien sur assortis de marges d'erreurs car les données ne sont pas toujours exactement mesurées pareil d'un pays à l'autre mais cela n'altère en rien les enseignements de cette courbe, enseignements que je situe à deux niveaux complémentaires:

Au niveau global, elle démontre que **le PIB et la production d'ordures sont directement liés.**

Plus mon pays est « développé », plus je consomme et plus je jette.

La part d'emballages en poids dans les ordures ménagères est assez constant, environ 15 à 25% suivant les pays (18% pour la France).

Cela indique que le PIB d'un pays et la consommation d'emballage sont directement liés.

La consommation d'emballage est ainsi un excellent marqueur du développement d'un pays. Plus je consomme des emballages, plus je vis dans un pays développé.

Le deuxième enseignement est au niveau individuel des pays. Il est intéressant de noter des variations assez fortes qui rendent compte de modes de consommation différents.

Pour un PIB par habitant assez similaire, les USA vont générer 700kg d'ordures alors que l'Europe des 15 (l'Europe de l'Ouest) va en générer 550 (-20%) et le Japon 400 (-40%) ! La France de 2015 étant passée en dessous de 500kg.

Un écart très significatif entre des régions du monde qui ont pratiquement le même niveau de vie.

Cet écart peut s'expliquer de différentes façons : le coût de la nourriture particulièrement bas aux USA (ce qui ne coûte rien peut être facilement jeté !), le mode de consommation par grosses quantités toujours aux USA, des contraintes réglementaires plus fortes en Europe, le manque d'espace et la discipline au Japon,…

Comme dans les autres pays développés, nous gaspillons en France principalement des produits finis ou des produits partiellement consommés. Environ 7% des produits alimentaires seraient jetés avant même d'être ouverts !!! Produits qui comportent donc de ce fait un emballage, lui aussi jeté.

A cause de quoi jetons nous autant ?

La cause principale est la gestion approximative des stocks du ménage, le produit qui reste dans le fond du placard, dans le bas du congélateur ou du frigo.

Les DLC (Date Limite de Consommation) et autres DLUO (Date Limite d'Utilisation Optimale) sont des censeurs impitoyables. La date est dépassée : pas de risque, il faut jeter.

Le peu d'attention des consommateurs est bien sûr lié au coût relatif de l'alimentation en France qui je le rappelle représente seulement 7,5% du PIB, loin derrière le logement.

Lorsque j'étais très jeune, le pain pour mes parents représentait une véritable institution. Le symbole d'un temps où le gaspillage était strictement interdit.

Mes parents comme des millions de Français avaient manqué de tout et le pain avait été rationné pendant la deuxième guerre mondiale et même plusieurs années après. Il était en proportion plus cher qu'aujourd'hui et 10 ans après la fin du conflit, il était toujours hors de question d'en jeter.

En fonction des plats qu'il accompagnait, il en restait plus ou moins à la fin de la journée et régulièrement le pain dur en excès apparaissait dans la soupe du soir, pour ne pas le gaspiller.

Même s'il reste une petite partie de la population française en dessous du seuil de pauvreté, le niveau de vie général s'est aujourd'hui fortement élevé et la relation du français avec sa nourriture a aujourd'hui complètement changé.

A cause je l'ai rappelé du prix relativement bas des aliments de base, à cause aussi du manque de temps pour cuisiner les restes, à cause également de la crainte aussi que ces restes ne soient plus « bons ».

Il faut dire que beaucoup de consommateurs ne font plus réellement « de la cuisine » comme le faisaient les générations précédentes. Ils se sont éloignés d'une véritable connaissance et donc d'une relation sereine vis-à-vis de leur nourriture.

Combien de fois ai-je entendu un de nos enfants appeler leur mère à propos d'un reste dans leur frigo.

Maman, est ce que tu le mangerais ? *Tu l'as senti* ? Pourquoi faire le sentir ? *L'avais tu filmé correctement*??....

Pour au final le jeter afin ne pas prendre de risques.

Pour reprendre l'exemple du pain, ce dernier n'est plus un tabou pour nombre de foyers. Le pain est devenu une commodité.

Il y a bien sûr d'autres sources de gaspillage tout au long de la production et de la chaine d'approvisionnement des aliments mais l'industrialisation et les systèmes de qualité correspondants ont permis d'en réduire sans cesse les volumes. Pour un producteur ou un distributeur, jeter c'est coûter. Le gaspillage se mesure en quelques pourcents tout au long de la chaine d'approvisionnement.

Une des clés pour diminuer le gaspillage dans nos pays développés est donc d'attaquer le problème chez le consommateur.

Il faut l'éduquer, l'informer, le rassurer, l'aider à mieux gérer ses propres approvisionnements et ses restes.

A quand un frigo connecté dans chaque foyer qui affiche son contenu et indique les produits qu'il faut manger dans les jours qui arrivent sous peine de devoir les jeter ?

L'emballage avec son code QR et sa DLC peut sans problème apporter les informations nécessaires.

Dans un autre registre, j'ai entendu dans une émission radio le témoignage suivant. Le gestionnaire d'un restaurant de lycée a mis au point un « appétit-mètre ». Lorsque le jeune arrive dans la file d'attente du restaurant, il indique sur un écran s'il veut une petite part ou une grosse part de l'entrée et du plat de résistance.

Le serveur alimente donc deux contenances différentes pour un même plat au lieu d'une. Résultat mesuré après quelques semaines : moins de déchets dans les poubelles et moins 8% de consommation moyenne de nourriture par personne !!!

Cet exemple ne concerne pas les emballages mais il montre combien que le consommateur final a un rôle fondamental à jouer dans le gaspillage de nos pays et le simple fait de mesurer ce gaspillage peut et doit en faire diminuer l'ampleur.

Le « portionnage » a également toute sa place dans la chasse au gaspillage et je vais prendre l'exemple des fruits frais épluchés conditionnés dans des petits contenants en plastique transparents. Ce mode de consommation est très populaire aux USA et il a maintenant traversé l'Atlantique.

Je souhaite manger de l'ananas frais au petit déjeuner mais je ne veux pas en manger 500g d'un coup ni même en 3 fois successives comme je le ferais avec un vrai fruit à éplucher! Une portion répond à mon besoin.

Je souhaite manger de ce même ananas et je ne sais pas bien l'éplucher ou à cause de mon âge, je n'ai plus la force ou l'habileté nécessaire ?

Une portion répond la aussi à ce besoin de service.

A noter d'ailleurs qu'un fruit frais correctement conservé se gardera aussi bien voire mieux qu'un fruit cueilli avec sa seule peau naturelle.

Une étude au Royaume Uni réalisée par Incpen a montré qu'un concombre (au frigo ou non) perd naturellement son eau en quelques jours après qu'il soit ramassé. Emballé correctement dans un film mince en polyéthylène, il gagne 10 jours supplémentaires de durée de vie….

<u>Que se passe-t-il dans les pays en voie de développement ?</u>

Le gaspillage est beaucoup moins présent au niveau de la consommation finale.

C'est à l'autre bout de la chaine qu'il faut chercher les gros pourcentages.

Faute d'équipements, d'infrastructures, d'emballages, des pans entiers des récoltes n'atteignent jamais les consommateurs.

Déjà cité plus haut, le chiffre de 30% a été avancé par la FAO.

L'emballage fait de toute évidence partie de la solution. Pas seul bien sûr car il y aurait besoin comme dans nos pays de toute une logistique entre les denrées de base et les consommateurs. Des silos, des routes, des usines de transformation et de conditionnement, des machines, des emballages,…sans oublier une main d'œuvre formée…

Il faut rappeler que le poids de l'emballage en termes d'impacts sur l'environnement est de 8 à 10% de celui du produit dans son ensemble.

J'emballe des produits pour bien les conserver et je sauve ainsi 100% de mon produit en dépensant en moyenne 8 à 10%.

Je récupère ainsi 10 à 12 fois ma mise « environnementale » en emballant les denrées et les produits. L'emballage est une vraie solution anti-gaspillage.

Il faut d'ailleurs garder à l'esprit que cette « découverte » de la place de l'emballage dans la lutte contre le gaspillage n'a vraiment rien de surprenant.

Les premiers emballages sont nés historiquement du souci de ne pas perdre, de conserver, de protéger. De ne pas gaspiller en somme.

La chasse au gaspillage fait partie depuis toujours de l'ADN de l'emballage.

L'EMBALLAGE MARQUEUR de notre EPOQUE

J'ai pu démontrer j'espère tout au long des chapitres combien l'emballage est nécessaire à l'homme et comment il l'accompagne dans sa vie de tous les jours.

Les six fonctionnalités des emballages (conserver/ protéger et transporter/ informer/ exprimer les valeurs de la Marque/ aider à l'utilisation/ être économiquement performant) **sont à la fois intemporelles et évolutives.**

Intemporelles car de l'antiquité à maintenant, ce sont les mêmes besoins de conservation, protection, transport, information …. qui ont trouvé réponse siècle après siècle avec les emballages des produits.

Evolutives car chaque fonctionnalité a répondu présent avec les possibilités techniques du moment.

L'exemple de l'information au service du consommateur illustre parfaitement cette évolution constante car il a toujours fallu identifier le contenu d'un emballage.

Nous serons demain au code QR quand nous étions (et nous sommes encore) au code barre depuis 50 ans, aux étiquettes et autres types d'identification avant. Et après-demain, ce sera autre chose.

L'expression de la Marque a aussi fortement évolué au fil du temps. En mode mineur pendant des siècles, elle est devenue subitement essentielle lorsque le commerce « moderne » est venu bouleverser la relation entre les produits et les consommateurs. L'emballage s'est fait « vendeur muet » en devenant plus visible et plus séduisant lorsque la distribution s'est industrialisée et automatisée.

L'homme moderne manque de temps. Il veut toujours aller plus vite et faire le moins d'efforts possibles. L'emballage se met au diapason avec sa facilité d'usage.

Le monde devient plus urbain et le noyau familial évolue, l'emballage s'adapte à la taille des foyers et change ses formats.

Un bon indicateur de cette évolution constante est le haut niveau d'innovation dans l'emballage.

Il démontre que les produits et leurs emballages changent aussi rapidement que nécessaire afin de suivre le rythme des évolutions de la consommation des biens physiques de nos sociétés. L'emballage qui est une industrie légère tire parti très vite des évolutions technologiques de toutes sortes. Pour employer un terme à la mode, **l'emballage est agile.**

A chaque époque, l'emballage aura été au carrefour des besoins physiques des consommateurs et des contraintes techniques et économiques du moment.

Peut-on conclure que l'emballage répond parfaitement aux besoins et contraintes d'aujourd'hui ?

Pas uniquement par ses fonctionnalités car nous vivons dans une société où la quête de sens est de plus en plus importante.

La montée en régime de la RSE (Responsabilité Sociale de l'Entreprise) dans chaque compagnie montre bien qu'il ne suffit plus de faire des bons produits et de les vendre au bon prix pour faire du bon business.

L'entreprise de gré ou de force devient un citoyen à part entière et ceci à l'aune de sa taille. Les entreprises multinationales deviennent ainsi citoyennes du monde.

Les produits (et leurs emballages) doivent donc faire du sens et se conformer à ce que les citoyens consommateurs estiment bon et juste pour leur futur.

Au tournant des années 80, la société du jetable est devenue difficile à justifier dans un monde de plus en plus limité par rapport au nombre d'habitants. Le Développement Durable s'est imposé.

Avec les conséquences que chacun connait sur le respect de l'environnement à la fois en qualité et en quantité.

Les chapitres sur l'emballage et l'environnement ont illustré le parcours au final assez exemplaire de l'emballage dans ce domaine, avec l'écoconception, la prévention à la source et le recyclage des matériaux notamment.

L'emballage est aujourd'hui bien préparé pour passer la vitesse supérieure et s'engager dans la démarche de l'Economie Circulaire.

Si le respect de l'environnement est globalement « sous contrôle », quels sont alors les enjeux pour les années à venir ?

La renouvelabilité des matières premières utilisées dans l'emballage, me parait un vrai enjeu vital pour l'emballage Je me suis exprimé très clairement dans le chapitre des matériaux de demain.

L'autre enjeu vital pour l'emballage est la santé humaine.

Aujourd'hui, les normes sanitaires (quand elles existent) sont strictement respectées mais il est assez probable qu'elles vont se durcir.

Non pas à cause de l'emballage en particulier car ce dernier au total impacte peu. Mais plutôt à cause du nombre des substances et des pollutions auxquelles l'homme est globalement confronté.

Des combinaisons ou des accumulations de substances aujourd'hui sous les radars risquent d'amener des restrictions d'utilisation dans le futur.

L'innocuité et la neutralité de l'emballage vis-à-vis de ce qu'il contient est un combat qui n'est pas près de s'arrêter.

L'homme a toujours souhaité s'affranchir des contraintes de temps et de l'espace. L'emballage lui permet aujourd'hui de consommer des biens physiques où il veut, quand il veut avec une garantie de qualité et d'hygiène toujours plus forte.

Aujourd'hui, l'emballage accompagne également l'homme dans sa quête de sens.

L'emballage des produits est le caméléon des besoins et des souhaits des consommateurs. **L'emballage est le miroir de nos modes de vie et de pensée du moment.**

En somme, l'emballage vit et s'adapte au rythme de chaque époque. **Il est un marqueur de chaque époque.**

Au moment où nous vivons depuis près de 10 ans la grande révolution du « **digital** », je souhaite ajouter un dernier mot car à chaque fois que je parle de l'emballage la question est posée : quel est l'avenir de l'emballage avec le digital ?

L'emballage on l'a vu assure un service physique (conservation, logistique et utilisation) auprès de tous les biens manufacturés et des consommateurs. Service on l'a vu absolument indispensable. Cela ne sera pas fondamentalement affecté par le développement du « digital ».

Certaines fonctionnalités (information et communication) seront à l'inverse très certainement transformées et adaptées au fur et à mesure que le digital viendra faire évoluer la relation entre les producteurs, les distributeurs et leurs clients. L'exemple de l'information sur le produit pour un achat via internet est très clair. Cela fait en grande partie doublon avec l'information obtenue virtuellement avant la décision d'achat.

Le digital va venir modifier l'emballage dans sa communication et sa relation avec le consommateur mais il ne viendra jamais supprimer la nécessité d'emballer physiquement les produits.

<u>Les emballages (connectés bien sûr) ont encore de longs jours devant eux !</u>

CONCLUSION

Après ce parcours très complet dans les différents questionnements concernant l'emballage, je vois trois grandes forces à ce métier de l'emballage :

L'emballage est une industrie importante et innovante.

Cette industrie est diversifiée dans des matériaux très différents et elle s'incarne dans des technologies de transformation où les innovations tiennent une place essentielle, innovations tant techniques qu'esthétiques. Caché derrière les produits qu'il sert, l'emballage s'adapte rapidement aux besoins qui évoluent sans cesse. L'industrie de l'emballage est très agile.

L'emballage est une industrie durable respectueuse de l'environnement.

Complètement impliquée dans la démarche de développement durable, cette industrie présente un bilan globalement positif qui l'inscrit parfaitement dans les principes de l'Economie Circulaire. De plus cette industrie est très fortement localisée. Elle démontre par ses performances économiques que le « MADE IN France » n'est pas inaccessible. L'emballage est un pilier important de la chasse au gaspillage.

L'emballage est une industrie complètement dédiée à la sécurité, au bien-être et au confort du consommateur.

La conservation et l'hygiène des produits, la protection et le transport, l'information, l'utilisation, la traçabilité... L'emballage permet de consommer où l'on veut et quand on veut avec le maximum de confort et de sécurité. Il s'adapte parfaitement et rapidement aux nouveaux comportements des consommateurs.

GLOSSAIRE

ADEME : Etablissement public français qui participe à la mise en œuvre des politiques publiques dans les domaines de l'environnement, de l'énergie et du développement durable. www.ademe.fr

ANSES : Agence nationale française de sécurité sanitaire de l'alimentation, de l'environnement et du travail – Etablissement public. www.anses.fr

CNE : Conseil National de l'Emballage. Association loi 1901 crée en 1997 qui regroupe l'ensemble des parties prenantes de la chaine de valeur de l'Emballage. www.conseil-emballage.fr

DGCCRF: Direction générale de la concurrence, de la consommation et de la répression des fraudes au Ministère français de l'économie. www.economie.gouv.fr/dgccrf

EFSA: European Food Safety Authority - Autorité européenne de sécurité des aliments qui régule l'ensemble des substances chimiques sensibles. www.efsa.europa.eu/fr

FAO : Food and Agriculture Organization – Organisation des Nations Unies pour l'Alimentation et l'Agriculture. www.fao.org/home/fr

FSC: Forest Stewardship Council est un label environnemental international qui certifie le Développement Durable des forêts et des produits papier/carton qui en découlent.

INCPEN: The Industry Council for research on Packaging and the Environment – organisation professionnelle anglaise opérant sur la relation entre emballage et respect de l'environnement. www.incpen.org

INSEE: Institut national de la statistique et des études économiques – Direction générale du ministère français de l'économie. www.insee.fr

OCDE: Organisation de coopération et de développement économique européenne (OECD en anglais). La mission de l'Organisation de Coopération et de Développement Économiques (OCDE) est de promouvoir les politiques qui amélioreront le bien-être économique et social partout dans le monde. www.oecd.org/fr

ONG: Une Organisation Non Gouvernementale (ONG) est une association à but non lucratif (loi 1901en France) qui ne relève (en théorie) ni de l'État, ni d'institutions internationales. Une ONG (NGO en anglais) peut défendre des consommateurs, l'environnement, toute cause d'intérêt « public » qu'elle juge nécessaire.

ONU : De par son statut unique à l'échelon international et les pouvoirs que lui confère sa Charte fondatrice, l'Organisation peut prendre des mesures pour résoudre un grand nombre de problèmes auxquels est confrontée l'humanité au 21ème siècle, telles que la paix et la sécurité, le changement climatique, le développement durable, les droits de l'homme, le désarmement, le terrorisme, les crises humanitaires et sanitaires, l'égalité entre hommes et femmes, la gouvernance, la production alimentaire et d'autres encore. www.un.org/fr

ACV : Analyse de cycle de vie (LCA en anglais). Moyen systémique d'évaluation des impacts environnementaux globaux d'un produit, d'un service, d'une entreprise ou d'un procédé. Son but, en suivant la logique de « cycle de vie », est de connaître et pouvoir comparer la pression d'un produit sur les ressources et l'environnement tout au long de son cycle de vie, de l'extraction des matières premières jusqu'à son traitement en fin de vie (mise en décharge, recyclage...) en passant par les ressources naturelles utilisées.

B2B : Business to Business, acronyme qui décrit les échanges entre sociétés

B2C : Business to Consumers, acronyme qui décrit ce qui est vendu aux consommateurs

BPA : Le bisphénol A (BPA) est un composé utilisé dans la fabrication industrielle des plastiques, en tant que monomère du polycarbonate et en tant qu'additif dans les résines époxy. Le bisphénol A s'inscrit dans les travaux d'évaluation des perturbateurs endocriniens (substance exogène altérant les fonctions du système endocrinien et induisant des effets néfastes sur la santé, avérés chez l'animal, suspectés chez l'homme). Il existe encore aujourd'hui de nombreuses incertitudes scientifiques en ce qui concerne les mécanismes d'action et les effets liés aux perturbateurs du système endocrinien.

GREENWASHING : Désigne des pratiques consistant à utiliser abusivement un positionnement ou des pratiques écologiques à des fins mercantiles.

MARQUE : Le terme Marque dans ce livre est employé pour indiquer l'entreprise productrice de biens physiques qui conçoit, produit et commercialise des produits sous son nom.

PE : Polyéthylène (sigle générique PE) est un des polymères les plus simples et les moins chers. Il appartient à la famille des polyoléfines.

PET : Poly téréphtalate d'éthylène (plus connu sous le nom anglais de PolyEthylene Terephthalate ou PET) est un plastique de type polyester saturé.

PLA : L'acide poly lactique (en anglais : Polylactic Acid, abrégé en PLA) est un polymère entièrement biodégradable. Le PLA est un produit résultant de la fermentation des sucres ou de l'amidon sous l'effet de bactéries synthétisant l'acide lactique

PIB : Principal outil de mesure de la production économique réalisée à l'intérieur d'un pays donné, le PIB vise à quantifier — pour un pays et une année donnés — la valeur totale de la « production de richesse » effectuée par les agents économiques résidant à l'intérieur de ce territoire (ménages, entreprises, administrations publiques).

PLASTRONIQUE : Nouvelle discipline à mi-chemin entre la plasturgie et l'électronique, la plastronique a pour but d'apporter de l'intelligence aux pièces plastiques. Les objets sont conçus en 3D, les connexions étant créées directement dans le plastique

RFID : Radio-identification, le plus souvent désignée par le sigle RFID (de l'anglais Radio Frequency IDentification), est une méthode pour mémoriser et récupérer des données à distance en utilisant des marqueurs appelés « radio-étiquettes » ou « RFID tag ».

RSE : La responsabilité sociétale des entreprises (RSE) est aussi dénommée, selon les auteurs et le contenu qui lui est donné, responsabilité *sociale*. Sur le fond, la RSE est un enjeu de société pour soutenir que les entreprises peuvent assumer des responsabilités « citoyennes » au-delà des seules exigences réglementaires.

UV : Le rayonnement UltraViolet (UV) est invisible à l'œil nu. Il possède une longueur d'onde plus courte et a des effets négatifs sur la peau et sur tous les matériaux qu'il rencontre.

SOMMAIRE

Page

Merci à Marie-Claude mon épouse, tour à tour lectrice, correctrice et parfaite représentante de la consommatrice-citoyenne qui se pose des questions. Merci pour tes encouragements.

Merci à Jean Pierre pour ses corrections et son œil d'éditeur.